精準領導力

朴鎮漢等九人 —— 著　葛瑞絲 —— 譯

在混亂的時代中
為一線主管們加油

人工智慧時代、第四次工業革命、Z 世代的出現……

在變化如此劇烈的世界中，我們不禁認真思考今日所信奉的領導力是不是太老套了。但是，領導力如此重要的原因在於，決定一個團體命運的人終究是領導者。經營環境越艱困，團隊中的領導者越顯重要。這或許是因為人人相信「企業的成敗取決於領導者的擔當」所致。

「在一個組織中，領導者為什麼重要？究竟什麼是領導力，大家才會這麼強調領導力？」

如果要定義領導力，應該會得到各式各樣的答案，因為每

個學者和領導者的定義都不一樣。其中，彙整全球所有領導力論文著稱的學者蓋瑞・尤克（Gary Yukl）表示：「所謂領導力是指影響他人來達到理解並同意該做什麼以及該怎麼做的過程，是個人和集體努力實現共同目標的過程。」

所以重點是領導者必須知道自己該做什麼，並為了實現共同的目標而發揮正向的影響力，因為領導者會直接面對團隊中發生的諸多問題，而最終必須自己解決這些問題。

在企劃這本書時，我們苦惱的是「該如何完整描繪位於職場中心的第一線領導力，而不僅僅是介紹理論」。希望主管們，尤其是甫為團隊領導者的菜鳥主管，都能在讀完這本書之後擁有洞察的慧眼。書中除了我們九個人的想法，我們還想寫下在擔任主管時，和其他主管一起接受教育訓練時提出的許多問題，以及在他們的觀點上認為的重要問題的解決方案。

雖然我們各自的特質和職業不同，但我們在一年中每月隔週召開一次會議熱烈討論、絞盡腦汁，找出主管們真正想要的、真正需要的，然後舉例說明並提出解決方案。當您作為團隊領導者和主管卻感到彷徨疲憊的時候，或許本書中眾多學者的見解和第一線的前輩所經歷的解決方案，能為您帶來如飲用汽水般暢快的感受。

對於正在努力孤軍奮戰的主管以及將來會成為新主管的領

導者們，衷心希望本書是諸位的甘霖。不必從頭開始閱讀，可以從目前自己最苦惱的部分開始，或在有需要的時候隨時翻開這本書作為參考依據。

本書共有八大單元和四十七種情境。

第一個單元「我是幫助員工成長的主管」。提供各種溝通和關係指導的案例，說明主管如何幫助員工成長。

第二個單元「我是提高員工效率的主管」。探討能創造績效的業務指導，包括幫助員工獲得績效的指導案例和解決方法。

第三個單元「我是創造良好績效的主管」。探討績效管理，說明如何讓員工主動執行職責，進而達成團隊共同的績效目標。當中將透過具體案例探討如何管理績效來達成目標。

第四個單元「我是講求考核公正的主管」。說明如何因應員工的各種情況和需求進行績效評估。在這單元裡提供的解決方案將能公平有效地評估績效。

第五個單元「我是帶領團隊合作的主管」。提出能解決團隊內外合作問題的技巧。近來組織當中最重要的議題之一就是如何進行合作案和排解無法合作的難題。

第六個單元「我是權責分配合理的主管」。探討讓員工主

動工作的授權問題，並透過實際案例了解領導者該於何時授權又該下放多少範圍的權力。

第七個單元「我是掌控會議品質的主管」。提出有效報告及開會的技巧，這將能決定業務效率和個人績效。主管必須用最靈活的方式工作，妥善管理組織實際的時間，如何進行報告或會議將決定能否有效管理時間。

第八個單元「我是做好向上管理的主管」。探討的是如何應付組織中的人際關係，將告訴你如何有智慧地應付辦公室政治，及遇到困難時如何明智地克服。

本書彙整了領導者必須面對的各種職場面向。當您不知道該怎麼做而苦惱時、再怎麼想也想不出解法時，祈願本書能為您帶來些微的希望。無論再怎麼努力，如果不知道核心的解方還是無法成為優秀的領導者。但是，只要您竭盡全力，必定能成為備受尊敬的領導者、獲得認同的領導者、員工愛戴的領導者。也許這樣的主管太過理想。不過，持續努力、即使辛苦也再次振作的主管們，我們想為您加油打氣，相信本書將會成為一顆小小的鼓勵／穀粒。感謝您閱讀本書。

於江南某間會議室裡結束了一年漫長旅程
朴鎮漢、俞京哲、羅永周、鄭慶熙、徐仁洙、
朴海龍、白信英、金祐載、李栽亨

九位作者介紹
以及對本書的想法

　　是什麼契機讓我開始想要寫這本書呢？在 Plan B Design 公司的崔益成代表的鼓勵之下，一開始我只是單純地想著：「如果用我的名字出書，應該具有某種意義吧！」當時的我還不知道寫書是這麼艱難的工程。這次的機會是個很好的開端，讓我開始非常尊重所有拿出自己的名字出書的人。

　　我在 LG 集團服務近三十年，因為有二十多年在人資部門的經驗，所以能參與這本書更覺得意義深刻，內心的滿足感讓我的嘴角不自覺地上揚。我思索自己在剛開始成為主管時，跟現在扮演團隊中各種角色時每個當下經歷的煩惱和困難，並以我親身經歷的案例為主軸來撰寫故事。儘管時代流脈已大幅改

變、各組織所處的環境也不盡相同，我仍希望本書能為現在的主管帶來些許的幫助。

朴鎮漢（James）

現為 Clockwork 代表、LG S&I Corp. FM 大學前校長

我是協助人們改變與成長的顧問、企業教育講師。每年於三星電子、現代汽車集團、LG Academy、SK 集團、CJ 人才院、韓國 IBM、微軟、中央公務員教育院、首爾市人才開發院、首爾大學醫院、塞布蘭斯醫院、首爾大學等韓國主要大企業、公家機關、醫院和大學等地，開設超過兩百場的演講與工作坊，主題為領導力與協作（溝通與合作）。

我曾在 Kolon Benit 集團人才開發組、韓國效率協會顧問公司（KMAC）、PSI 顧問公司等服務過。畢業於韓國外國語大學，取得高麗大學經營學碩士。2015 年獲選為韓國 HRD 著名講師，獲人資月刊《人才經營》選為 2020 年企業教育著名講師三十名之列。目前經營的「HRD Professional」部落格，造訪人數已超過兩百三十萬人。同時也寫書，著有：《完美的溝通法》、《問題解決者》、《彼得·杜拉克的人才經營》等。

俞京哲（Peter）

「溝通與同理」代表

我進入韓國新興生物資源專門企業的海外經營組後，在二十年當中負責過營業行銷、人資、教育以及經營組織文化，現在是公司內部諮商員以及倫理經營委員。在沒有全職人員負責教育的時期，我創設人力資源開發組，建構培育體系，從教育經營到企業講師等方面都有相當豐富的經驗。

　　目前為領導力教練，期盼以引導者的身分幸福地成長，並為此挑戰中。看著我投身的新創企業躍升為中堅企業的成長過程，親身領悟領導者在團隊成長中扮演的角色與責任有多麼重大。這本書的出發點是來自於我們「領導力的源頭究竟為何？」的苦思，希望出版後能為現在的領導者帶來些微的幫助，解決現實中的煩惱。

羅永周（Veronica）

Eazy Bio HRD 部門前主管

　　我現在的身分是領導力引導者（Facilitator）、企業教育顧問師（Consulting trainer）和教練（Coach）。我在高麗大學教育研究所主修企業教育，在崇實大學的普通研究所取得經營學博士學位。在研究領導力的過程中，我將最佳領導力方向定為「3S的領導力實踐」。意思是發揮超越自我（Self）與超凡（Super）的僕人（Servant）領導力，這就是我寫下第一本領導力書籍的緣由。

我擔任過太平洋生命教育課長、東洋生命經營教育部長、東洋人才開發院經營教育主管，這十年都是從事人資工作。創業後的十六年間，我在大企業、跨國企業、公家機關等地演講超過一萬個小時，都是關於領導力、績效管理、指導與溝通。目前正為 SK Hynix 第一線的優秀管理者進行為期十個月、一百六十個小時的領導力專門課程（兩梯）。我配合他們的煩惱和疑問提供量身訂做的具體指導和引導。相信收錄在本書的具體建議——前饋（Feed-Forward），將會在您發揮領導力時帶來極大的幫助。

鄭慶熙（Benjamin）

經營學博士、Excellence 顧問公司代表

我目前的身分是顧問，也透過演講、團隊指導激勵領導者擁有改變的動力，以及開發實際績效。我曾擔任成功通信代表理事、SC 顧問公司代表理事、IMPACT Group Korea 的 HRD 事業本部長，於亞洲大學經營研究所取得經營學碩士（人事組織 MBA）。

包含我在內的九位作者為了寫出對領導者真正有助益的書，蒐集並分析了現在第一線領導者正經歷的問題，以及有助於解決問題的知識、技巧和工具，而這本書就是我們完成的作品。

本書將能具體幫助領導者解決現在經歷的困難或議題，並協助您成功。

徐仁洙（Noah）
Practice Design Lab 代表、領導力引導者（Facilitator）
& 實踐領導力設計師（Practice Designer）

成為組織、人與人資領域的專家是我的夢想。我取得高麗大學統計與經營學的碩士學位後，曾於 LG 和韓松服務，在 Arthur Andersen 和 Deloitte 顧問公司擔任經營顧問十年，也在 LS Electric 擔任過人資總監（CHO）和常務一職。現在以人資顧問法人代表的身分，進行演講、寫作並提供顧問服務。

包含韓國企業人資制度的顧問服務在內，我在企業、政府、大學等機構舉辦超過六百場的演講。尤其，我領悟到理解人才和選拔人才的重要，目前以韓國妥當聘用認證院副院長的身分進行面試官教育和能力評鑑，以行動學習（Action learning）、設計思考（Design thinking）引導者的身分解決組織中的各種問題，現職為韓國行動學習協會會長。著有：《我現在是否好好工作呢？》

朴海龍（Harrison）
The HR 顧問公司代表

我是 2003 年農協中央會人才開發部 Service Academy 的創立會員，負責公司內部 CS 教育企劃與研修院課程、第一線諮詢等。我在高麗大學取得中語中文學學士及輿論研究所碩士。自 2000 年開始演講，在企業內部演講十年，在企業外演講十年，轉眼間已經過了二十年。我在 HRD 業界中是指導、溝通、領導力、內部講師培訓課程、CS、各種心理診療及行為類型診斷的頂尖專家。我知道來聽教育課程的每一位的時間也跟我的時間一樣珍貴，所以我都盡全力讓每場課程成為珍貴的回憶。

　　我在 2010 年被《News Maker》獲選為「帶領韓國的革新領袖二十四人」，也曾上過領袖專業雜誌 CNB Journal、JTBC 新聞、EBS、MBC、韓國經濟 TV 等專業平台。我是結合表演和教育的演講策畫者，以業餘舞台劇演員的身分準備音樂劇人文學專題演講與演講音樂會。此外，我目前是探討韓國與中國兩國文化的「談談大路」的主持人。

白信英（Sienna）
HRD Art 顧問公司代表、溝通專家、
商業教練（Business Coach）與 CS 專家

　　我隨時都喜歡挑戰新事物。就算挑戰失敗，我依舊相信那經驗會讓我的生活更具意義。我畢業於高麗大學，現在任職於

現代建設公司。十一年來我體驗過各種業務，也常思考領導力和組織。我在 Expert 顧問公司擔任領導力開發主管時，試圖努力解決這些問題。

我在韓國大企業、大學醫院、國立大學等單位施行了多樣關於領導力和組織的計畫。我希望能以這些經驗為基礎生產出有價值的內容而開始寫書，也挑戰寫出現在的這本書。儘管還不完美，但我已將各種問題的對策寫下來。希望這本書能盡可能帶給許多上班族些微的幫助。

金祐載（Kay）
可再生能源開發商

我負責過大企業與公家部門的人資與教育，因為這些第一線的經驗讓我成為經營學博士、大學教授。主要演講範疇為「績效管理、績效評價」、「栽培面試官」、「解決創意問題」、「捨棄差勁的領導力」等。

2018 年推出第一本書《建立最佳組織的完全領導力》，接著在 2019 年寫了第二本書《我想成為被認同的主管》，並在出版後的某天成為本書的作者群之一。就這樣，我在 Plan B Design 公司的崔益成代表的建議下，接連參與了兩本書，這可說是 2019 年收到的最棒禮物了。雖然起初因為我大致上知道收

穫與付出會不成比例而稍微遲疑。不過，這確實是個好建議，所以我沒有猶豫太久就下定決心了。如果要說有什麼不同，大概就是我在 2018 年只是合著的作者之一，但在 2019 年，我能夠分享寫作技巧以及領導力的哲學，並在九位作者中扮演協調全體時程、意見及文稿等的統合者的角色。這次我和其他作者一起將我們對領導力的思考統統寫在這本書中了。

李栽亨（Bruce）
農協大學教授、經營學博士

CONTENTS 目次

PART 1 我是「幫助員工成長」的主管

PART 2 我是「提高員工效率」的主管

PART 3　我是「創造良好績效」的主管

PART 4　我是「講求考核公正」的主管

PART 5 我是「帶領團隊合作」的主管

PART 6 我是「權責分配合理」的主管

我是
「幫助員工成長」
的主管

如何提高 MZ 世代新人的工作投入度

HOW

「最近的年輕人怎麼都這樣？」主管經常會自然地脫口說出這句話。而對象往往是新來的員工。主管一方面認為他們的行動或態度是年輕世代的特質，一方面卻覺得極不合理且無法認同。這麼說來，面對「世代差異」的主管們，該如何指導年輕員工呢？

EPISODE 1

1980 年出生的林經理在某物流公司中負責行銷企劃，最近終於有位 1992 年出生的新員工報到。林經理負責的業務繁多，包含團隊內的業務執行和管理等等，所以對於這次新進員工抱著很大的期待。

廖職員進入公司一段時間後，林經理認為他已經適應到某種程度了，便開始交付新工作，也給予相關指導，要求他在下週前整理出新產品的行銷企劃案。企劃案期限將近時，林經理叫廖職員過來詢問進度。

「上次我要你準備的新商品行銷企劃案做好了嗎？」

「是的，我按照您的指示準備好了。我馬上拿給您看。」

不過，林經理實際看到他寫的企劃案卻大失所望。

「你寫的這些可以稱為企劃案嗎？錯字一堆，要表達的主題也不明確。你改好之後再拿給我看。」

下午五點，下班時間一到，廖職員整理位置後起身，對林經理說：「經理，我先下班了。明天見！」說完就離開了。企

劃案的修改版當然連影子都沒看到。

「什麼？我根本沒看到改過的企劃案，他竟然就這樣下班了？」林經理覺得既荒唐又不悅。

EPISODE 2

29 歲的廖職員剛加入公司的行銷企劃組，因為是第一次接觸行銷業務，對一切都感到陌生又茫然。被分配到該部門後都還沒適應好，林經理就開始交付幾項業務。經理總是忙到不行，所以就算在業務上遇到不懂的，也不方便開口詢問。

這次的新產品企劃案也是一樣，明明不懂的地方很多，但他還是想展現實力而盡力寫出來，經理看完後卻說大部分的內容都要重新改過。然而，他搞不清楚問題是什麼，經理也沒有說清楚，所以他還沒開始重寫就已經覺得很擔憂。

廖職員任職的公司文化向來尊重工作與生活的平衡，這也是為什麼他這麼努力要進入這間公司的原因之一。他相信健康的生活以及下班後自我開發是這時代的必須要件，因此最近報名了住家附近的瑜伽中心。為了能準時上課，他必須五點就離開公司，但看到林經理不滿意他下班的表情，心裡不太舒服。

📢 這種時候請這麼做

該如何才能強化 MZ 世代[1] 的工作動機呢？正確的指導會非常有效。因為對他們來說，能夠了解「這項工

---

1 在韓國，出生於 1980 年至 1995 年的人稱為千禧世代，出生於 1996 年至 2000 年的人則稱為 Z 世代，合稱為 MZ 世代。

作為何重要」、「如何透過工作帶來貢獻」很重要，此外，快速又正確的回饋也很重要。

為了協助他們創造績效，主管指導的重點在於幫助他們自己設定並達成目標。此外，要在平等且持續的關係中，透過傾聽、詢問喜好、回饋等過程，引導他自行找出答案並採取行動。不過，上述狀況裡缺乏經驗的菜鳥，沒有能力自行判斷或下決策，所以具體、正確且快速的回饋才適合他。

> 經理　「上次我要你準備的新商品行銷企劃案做好了嗎？」
> 員工　「是的，我按照您的指示準備好了。我馬上拿給您看。」
> 經理　「我告訴過你，行銷的核心在於引起消費者對概念的共鳴。上次也有提到，要傳達出清楚的概念，讓所有人都對產品的價值產生共鳴，對吧？你給我的企劃案都有符合嗎？嗯，看來有些部分還不太符合喔！」
> 員工　「（盯著自己的企劃案看了好一陣子後，沒有說一句「對不起」）喔！是嗎？可是，現在看起來好像沒時間再改企劃案了，該怎麼做才好呢？」
> 經理　「時間當然不夠啊！你開頭的部分切入的方式很好，不過中間少了說服力，我建議可以加入兩個國內外能支持這概念的實際案例。你先改這裡，我們再來討論其他要改的部分。」
> 員工　「好的，我知道了。我改完之後再給您看。」

MZ 世代相當重視自我的存在價值及認同，所以建議能像上面的做法一樣，在點出缺失之前先提到做得好的部分，再提及應修改的部分。面對缺乏經驗的新人，給予正確的指示會比給

他充足的時間思考更有效。

　　現在我們來探討目前組織成員中的核心人物，也就是 MZ 世代的特性。千禧世代在許多組織中已開始扮演負責人一職，而接續的 Z 世代則又跟千禧世代擁有不同的價值觀。MZ 世代正逐漸全面成為經濟及文化等各方面的主流人物。所以許多企業正努力尋找能與 MZ 世代共生的方案。如果具體研究 MZ 世代的特性，能發現以下的結果。

　　第一、MZ 世代相當重視工作之外的個人生活。當然其他世代的人也都是如此。但如果是這些人認為有價值的事情，他們會特別甘心樂意地投入，他們認為工作外的時間非常有價值。

　　第二、MZ 世代想被認同的欲望很強。他們希望能掌握自己的權力並主導工作，強烈的目標導向是一大特點。因此必須隨時提供跟工作方法有關的回饋給他們。

　　第三、MZ 世代習慣在組織內平等且自由地溝通。他們無法理解制式化的評價或回饋系統、需要經過好幾個步驟的垂直報告程序或決策過程，以及對於工作結果毫無反應的狀況。當環境能讓他們自由提出點子、反應意見時，將能提升他們對工作的投入程度。

　　第四、MZ 世代更重視工作的價值或意義。對他們而言，「有意義的工作」比「高額的金錢補償」更重要。所以在指示業務前，需要說明為什麼要做這份工作，以及要以何種角度來處理等。

HOW 如何帶領有能力卻
對人際關係生疏的員工

　　在團隊工作中，真的會遇到擁有各種價值觀、成長背景和個性的人。其中有些人喜歡「獨善其身」，或不擅長與人共事。看起來不是什麼大問題，但隨著時間的流逝，這種不跟團隊分享或是難以合作等情況將會逐漸變成大問題。主管該怎麼帶領這樣的員工呢？

▍EPISODE

劉經理在目前的職位已有八年的經驗，吳主任則是工作邁入第三年的 MZ 世代。劉經理重視對組織的正面心態以及積極態度，即使在帶領團隊的過程中感到辛苦，也努力維持這點。他的職場生活理念就是「既然要做就享受吧！」但最近因為無法成為自己期待中的好主管而格外苦惱。除了跟員工開會之外，他也常常跟員工一起喝茶，就算業務變得繁忙，還是想要努力抽出午餐時間聽聽員工的想法，製造出能拉近距離的機會。

　　然而，現實狀況卻是有人完全不吃午餐，有人則以減肥為由自己準備便當，或是選擇去運動、睡午覺等，大家都希望能在午餐時間做自己想做的事。他們究竟是真的想在午餐時間做這些事，還是因為不想跟經理一起吃午餐呢？劉經理覺得失落，也擔心是不是自己的問題造成的。

　　在近日新進員工中，他最擔心也最在意的是吳主任，唯獨他不跟同事吃飯，總是自己一個人吃。他懷疑是不是因為吳主任跟其他員工處不好。不過，就算他想要找吳主任聊聊，而提

出一對一面談要求，吳主任也不願意多說，只說沒什麼問題。

劉經理的團隊需要處理許多公關事務，所以要常常跟人相處，但吳主任每次都不參加聚餐，次數越來越多之後就越令人擔心他跟同事間溝通是否出現問題。每到午餐時間，其他人會說：「今天中午吳主任也說要充分休息，我們去吃飯囉！」然後就走光了。

這種時候請這麼做

上一個世代的主管相信一個團隊要像一家人一樣，彼此掏心掏肺才是好團隊。但面對 MZ 世代員工，如果無心理解他們的特質，衝突就會加劇。解決這些主管與 MZ 世代之間的衝突已是許多組織的重大議題。

若是資歷較淺的新主管，遇到像上述案例的情況時可能就會懷疑：「他是不是討厭我、覺得不自在才這樣？大家為什麼那麼討厭組織生活？」不過，如果正確理解這些世代的人，就會覺得這樣的行為很理所當然，反而更致力於讓他們的優點發揮在團隊中。那麼我們來看看 MZ 世代的特質，以及主管可以如何改變做法？

第一、就算只有很短的時間，MZ 世代也希望發揮最大的價值。他們在投資自己方面不會手軟，且重視片刻的時間。他們會以多種方式充分發揮午餐時間的價值，例如進修語言、去銀行找投顧、到瑜伽教室運動一下等等。

對於這樣珍惜個人時間的年輕員工，還是有方法鼓勵他們參與聚餐。如果提前公告聚餐時間，並讓員工自由選擇喜歡的

餐廳和地點，就會更有效提升參與率。現代上班族不只是針對公司聚餐，連對公司利用週末時間舉辦的春季或秋季運動會還是爬山等活動的概念，以及使用時間的觀點都改變了，所以要盡可能聽取員工的想法。

第二、會議文化也要考慮到 MZ 世代而加以改變。開會能提升團體意識也關乎所有人的業務，是職場上不能缺乏的工作方式的核心。話雖如此，若員工們的個人業務已過於忙碌，就要刪減沒有相關性或沒有提出解決方案的形式會議，因此要考慮「是否非得預約會議室並依流程進行會議？」「會議是否必要？」在執行業務期間也要檢視方法是否經過充分討論。

在文字溝通日益多於言語溝通的時代，該小心的溝通型態就是 LINE、Instagram 等這類文字訊息的使用。儘管各行各業的環境不同，但應該要訂定規則，儘量避免在下班後使用即時通訊軟體討論公事，以免侵犯個人的生活。除非是業務性質特殊，連在凌晨時分也要處理突發問題，否則都該制定規則，並訂定相關的行動辦法。

第三、由員工來打造聚餐文化。聽起來如何？可以配合年輕一代的文化，將聚餐當成「一種遊戲」，讓他們挑選適合團體用餐的餐廳來體驗看看。像他們這樣重視拍照以及體驗的世代，運用這樣的激勵行為將能提升他們的參與感。

舉例來說，拜訪美食節目報導過的餐廳、只有當地人才知道的隱藏在巷弄間的美食（公開我家附近或我熟悉地區的美食餐廳清單）；事先調查員工喜歡的人物，一起去他們常去的地方（如果員工喜歡某位歌手，且知道那位歌手常去的餐廳，就跟員工一起去）。這些做法都很有創意。

接下來，可以要求他們輪流決定聚餐主題。讓員工自行決定聚餐地點時，他們會很高興，主管也可以一起加入排序。這次去○○推薦的餐廳，並在推薦時一併說明這間餐廳有什麼故事，下一次再去另一位員工推薦的地方等等。透過這樣的過程能加深對彼此的理解，也能成為拓寬自身經驗的機會。

　　相反地，如果沒有給其他人選擇機會，而是主管自行決定，只會讓大家覺得「選項早就內定了」而興致缺缺，所以試著讓大家一起輪流思考並且花心思規劃吧。任何人提到自己的事情時都會講得很開心，也會有所準備，這樣能製造出一個公式——「聆聽他人想法和故事的聚餐＝主題日、令人期待的日子」。不過，決定想法之後，如果要求所有人都要配合，連一個人都不能缺席，就失去意義了。應該是要鼓勵大家參與，絕對不能強迫。

　　第四、主管並不是非參加聚會不可。 近來很多公司每月都會依團隊、階層、生日等主題舉辦各種人數少的小型聚餐，因為不是只有同部門的人，而是能接觸並認識各部門的人，所以能交換不同的工作想法。建議主管可以只幫忙支付聚會的費用、決定各月主題，但聚餐當天不出現。一開始大家可能會有點不習慣，可是反應卻出乎意料的好。

　　聚餐當然是為了拉近彼此的關係，但前提是要讓大家見面後可以自由地聊天，說出各團隊面臨的困難議題或提案。但如果主管在場，很多員工就很難暢所欲言。如果連這些形式都沒有，聚餐時就只是純吃飯跟瞎聊，不會聊公司的話題。所以重點是提供員工們這樣的對話機會。只要由其中一名參與者負責，隔天到公司再跟主管或其他不在場的同事分享聊天內容就行了。

最後，試著跟員工一對一面談看看。例如上述吳主任的例子，也許他在目前職位的這三年，還沒深刻感受到除了與同事一起做事之外，安排時間與同事一起吃飯也具有某種程度的意義，因此需要透過面談來點醒他這麼做的必要。說明時也可以用身旁朋友或家人為例來提升他的理解程度。

　　要讓他知道，一開始跟公司同仁建立人際關係難免會感到辛苦，但如果能暫時忍耐那些不便，持續下去就會培養出其他的能力。每天都一起吃飯可能會很困難，不過可以訂下「一週中沒有特別事情的那天要跟同事一起吃飯」等規則，一點一點改變，這也是個好方法。

　　只要這個員工還在這間公司，未來就會面臨晉升後的挑戰，可能需要帶領團隊合作、需要解決糾紛、需要帶領關係企業，也需要發揮領導能力等，無論做什麼都會經歷到跟他人一起創造出績效的過程。所以必須讓他知道，在組織中會做事只是基本，因為往往還需要跟不喜歡的人一起共事，學會做人同樣重要。讓員工好好理解這點，正是主管的責任。

HOW 如何跟年紀大、資歷深的下屬共事

大部分的團隊組成都是以績效為導向，由於人事調動或組織改革等原因，所以有時會出現團隊內的成員跟主管年紀差距過大的情況。有人看到比自己年紀小很多的人當上主管時，甚至會因不甘願等因素而離職。這種時候該發揮何種領導力呢？

▌EPISODE

A食品製造公司去年推出的新產品造成轟動，銷售量大漲，因此新設立了銷售團隊。這個銷售團隊是以既有的三位主力成員加上三位外聘的新進主管組合而成，其中資深員工吳副理比新來的經理更年長，以新經理的角度來看，指派任務或給予回饋時遇到許多困難。

在新經理上任前，吳副理在團隊內業務表現亮眼，也相當受到晚輩的信賴。不過，最近跟新客戶的關係惡化，簽約也不順利，因此無法達到本季銷售中新客戶的目標。

新經理透過其他員工得知，之前吳副理也常因為跟新客戶之間出現摩擦，導致簽約不成，主要銷售量當中還是以透過代理商賣給新客戶的數量占大宗。不過，新經理希望直接銷售給新客戶的數量能比透過代理商賣出的更多。

在合作的過程中，新經理跟吳副理在許多事情上意見對立、起衝突，造成兩人關係緊張，其他員工也要觀察雙方的臉色說話。儘管新經理對吳副理相當不滿，但吳副理做事能力很強，

就算想大聲說些什麼，也不敢太強勢，只能一直忍耐。

　　近來公司的升遷制度都是以績效為首要條件，受此影響之下，年輕上司和年長下屬的組合有增加的趨勢。根據網路徵才平台以「年輕上司和年長下屬」為主題進行調查的結果顯示，64.6% 的人曾跟年長下屬共事過，其中49.9% 的人回答「備感壓力」。原因為「難以指派任務（42%）」、「對方忽視或不聽從自己給的意見（36.2%）」、「難以指責對方的錯誤（35.6%）」。主管身為領導者該如何激勵這樣的年長下屬並有效共事呢？

　　首要重點是尊重年長下屬的經驗和績效，並且縮短彼此之間的心理距離。不能因為對方年紀大感覺有壓力而保持距離，或是遲遲不給予回饋。應該為了縮短距離而直接到他的座位上聽取報告，或是細心聽他說話，絕不可以小看對方。也可以主動製造能在鄰近咖啡廳或公園等較自在的氣氛下一對一對話的機會，在對方家中遇到婚喪喜慶時也要多加問候，表現出細膩的關心。

　　接著要以主管的身分清楚地說明對彼此的期待。以上述狀況為例，經理要明確表達自己的期待：「吳副理，您的業績為我們團隊貢獻良多。我期待您今年能增加賣給新客戶的銷售量，為我們團隊的績效帶來更大的貢獻。」這麼一來，下次當你想詢問他是否有額外的需求、該以你的身分提供他什麼幫助時，就能降低不必要的誤會。

給年長下屬回饋時，可以使用「前饋法（Feedforward）」。 人們之所以會輕視別人給自己的回饋，大部分是因為有「被迫接受」的感覺。不論是誰，正面接納並承認「我做錯了」並非容易的事。這種時候提出具有改變未來可能性的前饋，會比檢討過去狀況的回饋更有幫助。

研究領導力領域的馬歇爾・葛史密斯（Marshall Goldsmith）博士，第一次研發出的指導模型就是前饋。前饋的意思就是，提出未來的替代方案時，不針對過去已經發生的事，而是事先提供未來成功所需資訊之技巧。前饋的重點在於針對某個事件或問題提出具有未來性的點子或替代方案。目標就是開放眾多可能性，也一併聆聽多樣的想法。所以前饋必須聚焦在「尚未發生的、可執行的、可改變的未來工作」。如果說回饋強調記住過去的失敗，前饋則加強對於改變未來可能性的想法和意志。

| 回饋與前饋的差異 |

回饋	前饋
以過去的事情為基礎	以未來將發生的事為基礎
給予回饋的人為主體	請求回饋的人為主體
強調格式	不被格式限制
回饋偶爾發生	前饋經常進行

※出處：馬歇爾・葛史密斯〈Try Feedforward Instead of Feedback〉，
www.marshallgoldsmith.com

經理 「吳副理！您最近很忙吧？我一直很感謝您努力達成我們團隊的目標。託您的福，這次賣給新客戶的銷售量又小幅成長了。您真的辛苦了。」

副理　「沒有啦！為了達成目標，還有需要進步的地方。」

經理　「我仔細看了一下您最近給我的銷售資料，發現新客戶銷售量離目標還差了一點。您在進行過程中是不是遇到什麼困難了呢？」

副理　「唉，老實說，如果要降低這事業的風險，關鍵是要鞏固現有的市場，但經理您似乎不太重視，讓我有點擔心。開發新客戶雖然重要，但不得不多花點時間。」

經理　「原來如此，沒想到是我誤會您了。我認為您在我們團隊中扮演最重要的角色。我對於『團隊必須成長和改變』很有壓力，就更把重心放在新客戶銷售量的成長上。我知道您做起來並不容易，但如果有需要我幫忙的地方請直說，我會努力支援的。」

副理　「好的，經理。我充分理解您的意思了。謝謝。我也會努力提升新客戶的銷售業績。」

經理　「謝謝。那麼希望您擬定具體的目標實行計畫後可以再來跟我開會討論。什麼時候方便呢？」

副理　「我可以在下週三前準備好。」

經理　「太好了，如果有需要我幫忙的，隨時都可以提出來。我期待看見吳副理再創高峰的樣子。我們一起幫助團隊成長吧！」

最後，跟年長下屬相處時非常重要的一點就是，不要因為自己是主管就產生高人一等的錯覺。仗著自己職位高，就對年長下屬隨便說話或公開指責，會傷害對方的自尊心。讓下屬「感受到自己被尊重」是很重要的。

HOW 如何處理讓其他員工失去鬥志的 能量吸血鬼

　　團隊裡有各式各樣的人，其中最妨礙團隊合作的就是「能量吸血鬼」，他們就像耗盡電力的電池，只要跟他們講話就足以讓人喪失鬥志。他們總是帶給其他員工不好的影響，究竟該怎麼處理這樣的員工呢？

EPISODE

金課長入行十年，平常業績表現不錯，頭腦聰明，也獲得主管的認同。不過，卻有說話粗魯、愛亂講話的缺點，一有空就抓住晚輩，拚命發洩對組織的不滿，或是抱怨執行業務時遇到的困難。

　　當他知道同事或晚輩表現比他好時，就會拚命找對方麻煩，其他同事甚至戲稱金課長是「麻煩金」。只要在金課長旁邊，大家都會變成像耗盡電力的電池一樣疲憊又無力。已經有好幾個員工被金課長搞得苦不堪言而來找主管商談，也有人因為跟他共事太累了，拜託主管幫忙處理。

📢 這種時候請這麼做

　　能量吸血鬼（**Energy Vampire**）這詞彙是由美國加州大學洛杉磯分校（UCLA）精神科教授茱迪斯・歐洛芙（Judith Orloff）首創，意指那種吸收別人的正能量、讓人在無形中感到疲憊的人。歐洛芙教授並將能量吸血鬼分成五種類型。

第一、自戀型（The Narcissist）：事事都以自我為中心，想獨占全部的注意力。

第二、受害者型（The Victim）：總是怪罪自己，聽不進別人的建議。

第三、控制者型（The Controller）：想控制身邊的一切，會挑別人的把柄，愛批評。

第四、碎碎念型（The Constant Talker）：完全聽不進別人的話，只是拚命說自己的事。

第五、戲劇型（The Drama Queen）：將瑣碎的事膨脹到很大，包裝得很誇張。

以主管的觀點來看，指導那些有能量吸血鬼特質的下屬是最難的事。但即便如此，也應該在問題擴大前解決，否則他們的負面情緒會傳染給其他同事，而大幅影響團隊整體的氣氛。因為人的大腦中有「鏡像神經元」，就算自己沒有經歷過也能透過間接體驗而產生類似的感受。跟能量吸血鬼相處越久，壓力指數會上升，更嚴重一點，對方的負面能量還會移轉到自己身上，讓自己變得憂鬱。

實際的調查結果顯示，團隊中若有能量吸血鬼，績效會降低三成至四成。主管在這種情況下需要分階段處理來抑制他們對團隊的負面影響。建議在一對一指導前，先透過各種診斷工具來了解團隊中每個人的特性與差異。

那麼，該如何進行一對一指導才有效呢？由於能量吸血鬼當事人並不知道身邊同事的實際感受，以及他的行為造成什麼

結果，所以找他個人談話時必須要坦白。**傳達時要以「你的這些行為讓同事很困擾」的事實作為根據，不僅要坦誠，還須讓他理解別人的情緒，點出問題點，讓他自行體會後改變行為。**

不過，如果告訴他：「有人跟我說了這些，也有人來找我說他很難受。」當事人聽完後大概能猜到是誰，那麼他就不會想要發現問題點，而是想找出到底是誰，然後怪罪那個人。這會讓他持續揣測，然後沒來由地討厭別人，如此一來也會對團隊帶來負面的影響，出現惡性循環。

所以，組織應進行「360 度評量（即全方位評量，用以分析自己的能力與優缺點，以及強化自己能力的診斷工具）」。若是以評量結果為基礎來對話，會有利於主管進行指導，如果沒有證據或客觀數據，單憑傳聞來溝通會有許多阻礙。

如果組織內有評量的系統或制度，主管務必在指導員工前先分析該聊些什麼，擬定腳本後再進行。如果沒有評量的系統或制度，可以詢問相關部門有沒有能協力評量的方法，萬一真的都沒有，可以委託專業機構，詢問「我們想要以團隊為單位進行，請問該怎麼做？」如此提升帶領團隊的客觀指數。

如果員工接受指導後，依然還是像先前那樣做出能量吸血鬼的行為，就可能是因為不了解改變的方法，或是對別人的情緒感受相當遲鈍。如果他是這種狀況，首先要透過領導力教育進行「自我覺察」，必須要懂得「正確觀察我是什麼樣的人」，而現在是「以什麼關係跟別人共事」。在這個過程中，他會從聆聽轉變成憤怒，但是最後就能重新看見自己。不過，通常他還是會做出原本的行為，所以還要使用客觀的全方位評量或是教育模型，透過「成為優秀領導者」的目標、具體方法以及對

於人的根本理解，來幫助對方改變。

　接下來就是要考慮職務調動。如果已經透過指導和教育提供方法，但幾個月後還是沒效或是團隊績效反而更低落，就要思考業務或團隊是不是跟這人特別不合。當事人也可能是因此受到壓力才向周圍的人洩憤。

　最後，要考慮是否該讓他獨立執行業務。如果他能力很強，卻嚴重影響團隊合作，那麼乾脆讓他獨立工作，也可能是適合的處理方法。當然，主管應該要盡最大的努力，避免狀況演變成最後的這種處理方式。

HOW 如何讓愛唱反調的下屬 站在自己這一邊

　　有些人明明跟別人說一樣意思的話，聽起來卻相當惹人厭，總是為反對而反對。就算久久見一次面，也會讓人感到緊張、破壞心情，萬一他是必須管理的下屬，就需要耗費許多情緒能量在沒有意義的地方。這種時候主管該怎麼面對才能被認同呢？我們來學習管理下屬情緒並與他們有效溝通的方法吧！

▌EPISODE
在韓經理眾多下屬中，安職員總愛攻擊經理，且自我意識非常強，每件事都會強烈地闡述自己的主張，令人非常有壓力。開會的時候強力表達意見就算了，連對經理大部分的言論都持反對的態度。

　　當然滿懷信心地表達自己各種想法是件好事，但是現場也有許多員工在，安職員的行為讓人覺得他就是在反抗經理，甚至覺得他故意只提反對意見。有次經理指示他撰寫某項文件後，經理不滿意那內容，便說明自己期待的方向，但他的反應卻不符合經理的期待，而是表現出反對的態度。

　　「這次你寫的新產品企劃書好像太前衛了，希望你稍微考慮現實狀況，也仔細看看其他公司的參考資料再修改。」
　　「韓經理，您的看法是不是太傳統、太死板了呢？我覺得這樣做很好耶！現今這種時代，這種點子不就又新又有創意嗎？我覺得經理的想法落伍了十年。」
　　「我的意思不是說你的點子很奇怪，意思是以我們公司的

現況來說，這樣的想法太前衛了。不考慮現實的創意沒有任何意義。」

經理也是想了很久才給予這樣的回饋，但安職員卻用自己的標準來判斷那回饋。也許經理的想法確實有可能太傳統，但以公司一向的風格來說，安職員的方向確實錯了，所以才會指責他，他卻給予非常負面的回應，用那句話反批經理「真是老頑固！以前的人才會那樣做！」經理很意外他那麼不開心，還用那種態度跟自己講話。

當然，並不是說不允許員工直接表達出自己的想法和情緒。經理總是軟硬兼施，有時說話強勢，有時溫柔規勸，但安職員卻絲毫不為所動，只要他認為自己是對的，不管經理再怎麼說服也沒用。

如果經理說話強勢，他就只會保持沉默；如果想要說服他，他就會更堅持自己的主張，反而想要說服經理。雖然只是工作上的事，卻讓經理的精神壓力非常大，甚至覺得自己的領導力被挑戰而開始懷疑自己。

📣 這種時候請這麼做

在這種狀況中，要先檢視主管和下屬的關係。有可能是做事風格的問題，但也要思考是否下屬真的對主管有什麼不滿。主管與下屬相處時可能會因為觀點或個性的差異而造成溝通困難。再加上，以兩人的關係來說，如果下屬討厭上司，就會不想按照上司的指示去做。主管和下屬在相處上出現困難時，就要先想想彼此之間的信賴關係。

你身為領導者得到下屬多少信賴呢？請思考一下自己的做事能力或相處能力。如果平常沒有展現業務能力讓下屬信賴，那麼下屬就會覺得自己做得更多、做得更好，因而往往不太願意接受領導者的業務指導，接著當然會萌生「他連工作也做不好，怎麼還能罵我？」的念頭。

所以在這種情況下，主管要對下屬明確地說明自己是領導者，至於不滿的部分或是遇到的困難點，則要營造出適當的氣氛，透過對話坦誠地說出不滿或是希望改善的事項。

領導力專家史蒂芬・柯維（Stephen R. Covey）說過，人際關係之間有「**情感帳戶**」的存在。就像我們會在銀行開戶儲蓄一樣，情感帳戶就是比喻人際關係中儲存的信賴程度，也就是指帶給其他人的安定感。如果情感帳戶裡儲蓄很多，就算偶爾犯錯，關係也能快速恢復。不過，萬一情感帳戶裡的儲蓄一直只出不進，造成情感帳戶見底，那麼一次的衝突或失誤時說出難聽的話，或是犯一次錯誤，都會讓對方覺得你一直以來都是這樣。因此請思考主管和員工彼此情感帳戶裡面儲蓄有多少。

如果主管對下屬的情感帳戶已經見底了，就要想辦法提高帳戶裡的積蓄。要認為「下屬做出不正確的行為一定是有什麼原因」，然後努力找出根本原因。

接下來會說明具體的對話方法。**當你覺得下屬的行為很失禮時，不要光是直接表達自己的情緒，建議的對話法是使用「以我為主語」的說法（I-Message）來說服對方。**如果主管在生氣的狀況下立刻表達自己的情緒，那麼通常下屬就會悶不吭聲或是因為生氣而不敢說出真心話，造成彼此都不愉快。

以我為主語的說法能表達出自己真正的想法，給人開放、坦白的印象，也能營造出讓對方理解、合作的氣氛。相對地，「以你為主語」的說法（You-Message）是以對方為中心批評，所以可能會傷害對方，也會因為具有普遍性和攻擊性而引發對方反抗。尤其以你為主語的說法，可能會站在攻擊對方的出發點上說出暴力的言語。

以我為主語的說法表達技巧步驟如下：

· 我在～的時候（狀況／行為）

· 覺得～（情緒）

· 因為～（原因）

· 所以～（處理方法或期待對方做出的行為）

韓經理可以運用上述技巧來跟安職員對話。

Step 1（狀況／行為）：安職員，上次我看了你的報告後給你回饋時，你表現出非常不開心的樣子。

Step 2（情緒）：那時我有點慌張，也有點失望。

Step 3（原因）：因為我也是希望能交出好的報告，所以想了很多之後才給你那些意見。

Step 4（處理方法或期待對方做出的行為）：當然我的想法也可能不都是對的，我說話的時候也可能因為生氣而口氣不好。如果你的想法跟我不一樣，能不能具體地告訴我哪裡不一樣，然後清楚地告訴我你為什麼會那樣想？

當主管這樣跟下屬說話時，就能坦率地說出自己的情緒。主管也要用有禮貌的口吻在其他下屬面前告訴他們，覺得自己每次生氣很丟臉。也許無法立刻改變，但隔天開始，下屬可能會因為想到主管說過的話，至少在表達意見時會更慎重，或是在團隊整體開會時注意語氣等，開始在某些方面努力。

　　主管坦率地表達心情後，也會讓下屬開始思考：「我是不是太過分了？」如果要求相關的行為，下屬也會因為被說服而說出自己的想法，並在其中找到雙方可以協調的空間。

HOW 如何順利帶領 重視個人價值的 MZ 世代

　　Z 世代重視個人價值勝過團隊績效。他們就像在高喊著「世界的中心就是我、就是我」。這個世代的人，個人特質強烈，跟比較願意接受官僚文化的 X 世代 [2] 的主管不同，他們只要不接受就不願意行動，往往把自我價值放在最優先的位置。我們來看看上一世代的人該如何跟他們和睦相處吧。

EPISODE

某個 IT 公司計畫的新系統即將在兩週後開放。雖然現在計畫即將結束，但為了搭配客戶要求的系統開設日，所有計畫成員已經忙了好幾週。就在這時，不久前剛進入計畫組的最年輕的洪職員卻去找江經理，他說這週一定要休一天的假，需要處理一些事。江經理很不滿意洪職員竟然在這麼忙碌的時候還要求請假。

　　「經理，不好意思，這週四我一定要請假。」

　　「什麼？現在離系統開設日已經不到一週了，你現在說要請假？」

　　「是的，我很清楚大家都很忙，但這對我個人而言是很重要的事，所以我一定要請假。」

　　「聽起來你不太方便說原因，但不管是什麼狀況，我也要聽聽原因才能判斷要不要讓你請假。」

2　X 世代是指生於 1965 年至 1980 年的人。

「對不起，我很難說出原因。」

「什麼？很難？你這樣不會太過分嗎？連原因都不說，還要在這麼忙的時候請假，是要其他人累死嗎？你明明知道大家已經加班超過兩週，都沒有好好吃飯睡覺了，做得那麼辛苦，你還想要請假？」

後來，江經理聽其他人說，洪職員為了參加某樂團的演唱會，必須從凌晨開始排隊，所以才想請假。

🔊 這種時候請這麼做

在所有人都把達成計畫目標視為共同目標努力奔馳時，如果當中有人覺得個人生活比團隊目標更重要，勢必會引起其他人的不滿。團隊內一人不尋常的行為將會影響團隊合作。幸好其他人不知道實情，萬一大家在這麼辛苦的狀況下發現了，就算表面上說「我可以理解啦！就讓他去吧！」一定也有人無法接受、只是表面上沒有說穿而已。

主管必須考量這些情況再來處理這樣的問題。首先，江經理應該透過一對一面談將團隊目標清楚告知洪職員，並且再次告訴他主管期待他扮演的角色，也要跟他協調工作是否能在截止期限內順利完成、有沒有問題、請假會不會影響進度等，透過這些問題來協商。必須讓他知道，你期待他放假回來後能為團隊貢獻什麼。也要考慮在洪職員放假期間可能會發生的狀況，而在團隊內事先制定基本規則（Ground Rule），讓他能事先交接給其他員工。

還有一種方式是，在計畫開始階段就先蒐集團隊成員的意

見，事前制定須遵守的項目或是屬於我們團隊的工作方式，以確保計畫成功。最有效的方法就是事先告知准假範圍會配合計畫進展的階段調整，雖然計畫初期可准假，但到了計畫尾聲則不允許。如果員工不遵守這樣的基本規則，就要強調組織成員遵守規定、一同合作的重要性。

在價值觀不同的世代間，如果只強調一方的立場就一定會起衝突。領導者若能在事前就與成員協商原則和標準，也要求大家共同遵守，好讓計畫順利進行，就能減低未來衝突發生的可能性。更好的是，在每次發生事情時提出彼此不同價值觀的差異，制定共同的行為規範，避免未來衝突重複發生。

此外，在考量到政府頒布的工作時數相關規範[3]，以及 MZ 世代重視工作及生活品質平衡的價值觀，在這樣的情況下，主管必須用更多元的方式指導員工。尤其放假是勞動者的權利，若因為沒有正當事由而不准假或是不讓他走，就可能屬於職場暴力。必須特別留意才行。

在這樣的新時代，管理者的角色和責任比過去更重大。除了必須在有限的時間內，將下屬的能力發揮到最大來完成被交付的作業。最重要的是，**團隊目標要明確，要讓下屬清楚理解工作方向，也要讓計畫能反映團隊每個人的努力與意見，藉此讓每個人都獲得成就感並且成長**。另外，主管也要防範各種意外，這樣就算少了一個人還是能順利執行業務，不會出差錯。

3　韓國政府規定一週工作時數不得超過五十二小時，並從 2019 年 7 月 16 日起施行禁止職場暴力法。台灣目前根據勞基法，則有一週工作時數不得超過四十小時的基本規範。

Part 2

我是
「提高員工效率」
的主管

HOW 如何在做事原則與變通性之間取得下屬的信賴

下屬正面對一名不遵守公司售貨規定的奧客，雖然下屬想依照規定處理事情，顧客卻屢勸不聽。在第一線面對逐漸扯開嗓門的顧客，下屬踩在原則和變通性的界線上，這時主管該下什麼樣的指示才好呢？

EPISODE

彭經理管理店舖已有十五年經驗，擔任經理則是屆滿五年，在他底下的崔職員負責管理店舖的資歷只有一年六個月，還算是個新手。

某天，一位顧客進入百貨公司裡的門市，帶著一件衣服過來表示想要退換，但任誰來看，衣服很明顯是已經穿過了，他卻聲稱「自己連一次都沒有穿過，覺得衣服不是自己喜歡的風格」。然而，實在看不出新衣原有的熨燙痕跡，崔職員完全無法接受，所以慎重地向顧客說明「無法退換」。

而且該名顧客也不是在此門市裡購買這件衣服，是在快閃店購買的，發票上也清楚地寫著只能在一週內退換，甚至還看得到結帳時店員在發票上畫紅線說明相關內容的痕跡。儘管如此，對方依然持續要求退換，相當固執。

彭經理本來在整理庫存，聽到喧鬧的聲音後便從後門出來看看發生了什麼事。彭經理詢問下屬、了解狀況後，就指示他到顧客面前說「只允許這次退換」。

崔職員很清楚規定是不能退換的，便反問：「不能這樣做吧？」可是彭經理還是說：「就讓客人退吧！」他也只得無奈地幫忙退換。

　　結果該名顧客洋洋得意，反而講話更大聲，不時盯著拒絕他好幾次的崔職員說：「所以我才說要找主管講嘛！跟一般員工講，根本行不通，只是講到我喉嚨痛而已。」擺出一副自己耍賴的行為很合理的模樣。

🔈 這種時候請這麼做

　　崔職員盡全力依照公司制定的原則應對客人，持續有禮貌地說明「不能退換」的規定。但彭經理當時還來不及掌握店內現場狀況，在無視事情優先順序的情況下處理顧客問題，結果讓崔職員感受很差。這麼說來，主管該怎麼處理才能給顧客和員工都帶來正面的結果呢？

　　首先是激勵員工的參與。在面對顧客的第一線上會發生無數預料之外的狀況。如果那位客人一直大聲咆哮，而且是在很忙的時候發生這樣的事，那麼也許先讓他退換、讓他離開之後，還能多賣一件衣服給其他客人，這樣反而更有助於整間店的營收。所以雖然不合規定，但主管可能是為了更大的目的才違反規定，允許顧客退換貨。

　　然而，也不能單單考慮顧客和商店的收益，而忽略員工按照規定堅守「不能退換」的努力，這樣的做法很可能會產生副作用。因為如果之後再發生類似情況，員工就不會主動解決問題，而是立刻去問主管「該怎麼做」，態度會變得被動。

員工依規定行動，卻像上述情況那樣只有自己在顧客面前丟臉，而且主管都沒有提出可以讓他接受的理由，連自己為什麼指示的原因都不說明，只是擺出員工要遵照自己的命令行事的態度，這極有可能破壞主管與下屬之間的信賴關係。

如果是聰明的主管，最好的做法是在那位顧客離開後，先詢問員工「如果剛剛我不在店裡，你打算怎麼解決？」充分聽完員工的說法後，再接著說明自己的做法。如果針對違反規則的狀況採取特別的應對方式，就要先詢問員工的意見，並透過對話讓他完全接受。

接下來就是說明主管的決定。明明員工非常有禮貌地向該顧客說明「違反了公司規定和公平性，所以無法退換」，主管卻只聽顧客的話，同意讓他退換。主管需要在當天工作結束前挪出時間，針對員工的行動和自己的決定跟他面談，來讓他理解狀況，或是往後發生類似狀況時該怎麼解決。

最後是傳達主管的期待和決策的邏輯。需要告訴員工，雖然他遵守做事原則且有禮貌地告知客人不能退換，但主管決策的邏輯是，以現場的狀況來看，當天人潮多、銷售量很高，在忙碌的時間點與其讓一名顧客在店內大吵大鬧，不如顧好整間店，所以才站在整體的觀點上做出這樣的決定。

此外，也要表現出認同並支持員工的態度，「謝謝你誠實地依規定行事」。一定要經過這些過程，才能避免員工心理不舒服或是覺得自己做錯了。

《哈佛商業評論（Harvard Business Review）》曾提到知識經濟時代下，公平的流程（Fair Process）是一項強大的管理工具（By W. Chan Kim and Renee Mauborgne, 2003）。其組成有三大原則：首先要激勵員工參與（Engagement），接著是要充分解釋（Explanation）自己所做的決定，也就是詳細地說明期望能透過這件事達到什麼目的才會這樣下決定（Expectation Clarity）。

　　在上述狀況中，如果員工經驗不足，就很難理解主管的做法，如果員工心中覺得自己遵守原則才是對的，就會更委屈。主管具體上應該怎麼做？方法如下：

第一、激勵員工的參與（Engagement，執行業務）。

　　「○○，剛剛你面對那個耍賴要求退換的客人應該很生氣吧？你努力應付他，真的辛苦了。（對於員工努力處理狀況這點要認同並鼓勵）

　　你明明告訴過他退換規則，也說明期限過了就不能退換，講了好幾次，他還是不聽，你很為難吧！再加上還有其他客人在場，你應該更慌張吧？如果客人講話那麼大聲，我可能早就翻白眼翻到後腦勺了，但你剛剛竟然可以冷靜應對。

　　像今天這樣的狀況，如果我不在現場的話，你打算怎麼處理呢？你有沒有想到什麼方法呢？（可以在開頭就先問員工的想法，讓他說出他想說的話，說不定也能聽到自己沒想到的部分）」

第二、說明主管的決定（Explanation，決策與說服）。

　　聆聽員工的說法時，絕對不能選擇性聆聽，一定要積極聆聽，不能漏掉任何內容。重點不是丟出問題就好，而是用心聽完那些內容後，以那些內容為基礎接續下一段對話，這才是累

積和下屬之間信賴感的態度。

「你的應對方法當然是對的。不過，我之所以會讓他退換，是因為站在更大的格局上思考，我判斷退換是更聰明的選擇。剛剛那位客人還站在你前面，他走了之後我也忙到沒時間跟你說清楚，所以才會在下班前跟你說，希望你能諒解。」

第三、傳達主管的期待與決策邏輯（Expectation Clarity，是因為期待什麼才做出那樣的決定）。

「如果會妨礙到其他客人，就趕快讓他退換、把他送走比較好。這樣我們也不會浪費太多力氣在他身上，而是能更專注在其他客人上，我覺得這是能提升銷量的方法，所以才同意退換。你無法理解這種違反公司規定的狀況，所以站在客人面前時應該很生氣吧？辛苦你了！雖然現場狀況不是我們能控制的，但今天你真的竭盡所能、有禮貌地全力應對了，真的辛苦了！我們一起加油吧！今天辛苦你了。」

核心就是要在當天結束前告訴他，主管能理解他的狀況。主管的決定雖然以「公平」的角度來判斷並不合理，但如果站在「隨機應變」的角度來看，他可能會明白：「喔～原來主管處理事情時看到了我沒有看到的部分啊！」這麼做的目的就是要栽培員工理解狀況和解決問題的能力。

而且，主管理解員工被該名顧客傷害而說出的一句安慰話，也能令員工釋懷。因為這就是認同和鼓勵。如果主管在執行業務的第一線持續推動這種以公平為基礎的流程（Fair Process），將能累積信賴，也能幫助員工在第一線面對不同狀況時，學會臨機應變以及主動執行業務。

HOW 如何指示員工　完成大家都想推託的任務

　　在所有人都忙於自己份內工作的情況下，上司突然交付一件案子，面對這種突發情況，主管總是很為難，因為自己沒辦法做完所有的事，一定要有個人可以跟自己邊討論邊執行。這種時候，平日積極提出意見或是做事能力較強的員工，往往會被期盼承擔這項任務。主管這時該發揮何種領導力呢？

EPISODE

黃經理在研發部門六年，擔任企劃經理一年。在部門內的十人當中，黃經理最年輕，也對趨勢相當敏感。某天跟總經理開會時，收到指示「要具體規劃部門五年後的願景」，便要求其他員工一起開會。大家不久前才剛結束一個成果斐然的大案子，實在累壞了，沒有人想接下總經理交付的事項。

　　黃經理覺得如果在星期一早上就指示這項極有壓力的工作，大家應該會不知所措，所以只是大略地談到主題，然後請大家整理一下自己的想法，用完午餐後兩點再回來討論。

　　不過這些下屬回來開會後，都沒提出任何建議，個個光是盯著筆記本看，或是面無表情地低頭。因為大家都不說話，黃經理看不下去了，便要求依順時鐘方向輪流發表意見，從坐在經理旁的人開始講一句話，當一個人努力擠出一句話後，下一個人要接在上一個人的意見後面補充自己的意見。

　　會議進展到後來，大家提出的意見越來越分歧。其實大家

當時心思都還投入在 Z 案（仍正進行中），實在很難認真參與，卻被臨時要求提案。

結果就由日常業務處理得很好，開會時也總是積極發表意見的陳主任接下這個任務。其他人都鬆了一口氣，一副「只要不是我就行了」的表情。然而，擔負部門五年後願景的陳主任，臉上寫滿憂心。

🔊 這種時候請這麼做

職場上這種只說一句「能者多勞」，就把許多業務集中在一個人身上的狀況屢見不鮮。當然，以主管、領導者的角度來看，實在不放心把重要的任務隨便交給別人，但是要在緊湊的時間中做出最好的成果，終究會發生像上述案例那樣的情況。接下任務的員工一開始或許會勉強忍耐做完，可是做幾次之後就會筋疲力盡，且感覺不合理而失去動力，導致績效低落。這種狀況只要發生個幾次，當事者勢必會累倒。

雖然說好由一個人主要負責，其他人在旁協助，但實際上就好比提重物時，如果發現就算一兩個人少出點力，箱子卻還是能移動，那麼大家通常就乾脆都不出力，只是搭便車。

那麼難道裝作不知情，一心認為「大家應該會知道狀況而幫忙吧？」然後等待，就是幫助他們成長的最好辦法嗎？並非如此。領導者需要做的是建立系統，一定要讓大家都能一起工作，感受到同樣的重視。這麼說來，經理在這個狀況下該做些什麼才好呢？

首先要先檢視有沒有在精神上或物質上給負責業務的員工什麼好處。

　　對負責業務的人來說，成就感是最重要的。所以要激勵他，讓他能把這項工作當成自己的事情負起責任來做。最好能具體地告訴他：「你負責扛起了這項任務，所以我會具體地給你好處（物質上或精神上）。」

　　主管在分配業務時該注意：一來要讓員工感受到「他憑一己之力做到的自信」，二者要針對能為他的資歷加分的獨立績效評估進行協商，建構出他實際得到獎勵（績效）的過程。因為不管內部激勵再怎麼重要，若外在獎勵不夠，也很難期待他持續創造出佳績。而且請牢記，如果團隊中大部分的人都是 MZ 世代，他們會希望自己個人的能力能透過成果被認同，而非將自己成果的功勞分享出去。

　　再來要透過授權擴大他們的權力範圍，給予他們自由。

　　第一、決策者（經理）要授權給他們，透過分享權力，幫助他們能自由地執行業務，因為自由是激勵他們的重要基礎。

　　第二、要讓他們知道，他們能在一定範圍內企劃，並且有權執行計畫。他們會因此接下權力並負起全責。

　　第三、要制定工作模式（Way）。想要聚焦在平等的團隊文化上，上司也要保持能溝通的開放態度，這樣業務分配的協商才會順利，讓大家都能滿意。工作模式的重點在於團隊成員間的意見或論點可以是有建設性且對立的，而且會議決定事項也要能立即反映在團隊中。

有些難題或提案很難憑一己之力解決，但若團隊集體發揮創意齊心解決，且形成一股全力支持團隊制度與成員的文化，成員就能全心全意充滿熱情地投入。

　　第四、要在可支援範圍內發揮引導技巧。在執行較大型的業務過程中，考量到在執行業務的過程中，組員人數可能會逐漸減少，所以需要把業務分成內外，內部員工做的事跟外部公司執行的業務要分開來。內部人力範圍內能解決的業務有哪些，以及相關部門有哪些，這些都可參考執行過類似計畫的前輩的觀點、建議或相關文件，協助他們順利執行業務。

內部	員工能做的事	一相關部門列表 一相關文件列表 一執行過類似計畫的前輩觀點與建議
外部	外包	一外部服務 一專業顧問機構

　　在上述狀況中的陳主任，面對接連而來的業務可能會感到負擔，也會因為期待其他同事幫忙而變得很難熬。如果他不久前才調來這個團隊，可能會疑惑：「究竟用這種方式執行業務真的對團隊有幫助嗎？」

　　這麼一來，就需要研究團隊內的溝通方式與管道。尤其必須檢視員工與經理的溝通方式，然後努力改進。經理需要在會議中扮演領導者和引導者（Facilitator）的角色，需要運用引導技巧，以更輕鬆、更圓滑的方式解決問題並下決策，努力帶領全體成員達成協商。

現在的會議方式，使得某個人不得不接下業務，所以經理能採取的最好方法就是理解他的工作，協調並提出進行辦法。

　　分配任務時，要避免太倚賴某個人，造成其他同事感受到相對剝奪感。沒必要在交付任務後，出於對此人感到抱歉而過度稱讚，否則反而會讓一旁的其他同事不想幫助那位員工，或是造成團隊內的糾紛擴大，這樣就會出現問題，其他人會覺得「就算我幫他，也只是幫助他升遷，難道我會得到什麼好處嗎？」所以分配及指示任務時，要了解各任務的特性和優點，然後按照原因及其根據來進行，這樣才能提升做事效率。

　　此外，也可以選擇讓大家自發性地說出彼此的能力，讓他們自行分配任務，這也是好方法。在上述案例中，大家都不想做，所以終究是由最資深的前輩獨自接下，其實這樣就跟經理分配沒兩樣，所以要透過平等的溝通來決定。

　　如果這個計畫是要規劃部門五年後的願景，經理就是要統整這項計畫整體狀況的「當責者（Accountable）」。但是，經理無法獨自做到所有的事，所以各業務要分給負責人去做。

　　在下一頁的表格中可以看到，B 業務是甲員負責，C 業務和 D 業務是丁員負責等，每個人都在自己擅長的領域上成為「負責者（Responsible）」。不過，他們也不完美。這種時候要讓以前曾經負責過類似業務或是有相關領域專業知識的職員成為「諮詢者（Consulted）」，來提升計畫的執行力與績效。

　　最後，必須由沒有直接的利害關係，但了解內部相關業務內容的行銷負責人或是財務負責人等等，擔任取得結果的「被告知者（Informed）」。

有效分配團隊業務法則：RACI（責任分配矩陣）

負責者（執行業務的人，Responsible）、計畫當責者（負責
結果的人，Accountable）、協助業務的諮詢者（Consulted）、
被告知業務執行結果者（Informed）

| RACI 範例 |

種類	甲	乙	丙	丁	戊	己
A 業務	C	I	I	-	R	A
B 業務	R	I	A	I	-	I
C 業務	C	C	A	R	I	I
D 業務	C	C	C	R	C	A

執行主體（上方橫向）
執行業務（左方縱向）

Ⓡ Responsible（負責者）　Ⓐ Accountable（當責者）　Ⓒ Consulted（諮詢者）　Ⓘ Informed（被告知者）

※ 出處：《DBR》第 190 號，2015.12. Issue 1

那麼，要不要試著用以下的方式跟組員對話呢？

「這次計畫最終決策者是我，我當然會負責。不過實際上
從頭到尾，從開會到協調等，我都會在旁邊查看並提供支援，
所以希望陳主任能放心地進行。」
「而且，為了能規劃出符合我們部門的未來遠景，我會想
辦法製造出機會聽取其他職員的建議來協助你。我知道『描繪

部門未來的願景』聽起來相當模糊又困難。不過我反而覺得能從頭開始很好，因為就像在一張空白的圖畫紙上著色一樣。」

「你獨自進行可能會很困難，所以我希望能組成一個聯盟——『2025 年復仇者聯盟』。我們的職員當然都會幫忙，我也會積極拜託他們協助。」

「為了執行業務，團隊中每個人至少要先幫忙一個部分，才能把圖畫出來，不是嗎？希望你規劃後能直接告訴我，你覺得哪個部分該跟誰、跟如何合作才是最有效的。那麼，我會告訴他們成立『2025 年復仇者聯盟』的必要性以及需要的人力，並拜託他們協助，所以請你試試看。」

「最後，雖然很不容易，但謝謝你答應幫忙。你在整理推動計畫的時候，可以告訴我該幫忙哪些部分。」

HOW 如何管理
經常越級報告的下屬

　　就算組織的目標是平等，還是有需要遵循的報告體制。但有時會發生忽視這點、下層直接越級跟上層主管報告的狀況。到底該怎麼管理這種已經養成越級報告習慣的員工呢？

▎EPISODE

鄭副總的做事能力很強，而且很有熱忱，總是能創造出優良績效，在他底下工作的人也能學到很多並有所成長。他的升遷之路因此比一般人來的快速。但是他工作時總是強行推動，使得員工被業績折磨，也深感壓力。

　　郭經理已有八年工作經歷，擔任經理也滿一年了，某天下午他偕同一位副理外出跟客戶開會，不在公司。

　　這時，鄭副總親自到企劃部那裡，說：「三天前我說過的事不要再拖延了，把你們目前為止整理好的部分告訴我，然後趕快進行。」不過團隊內部的看法還在協商中，曾課長認為直接把未完成的文件拿給副總似乎不太好。不過副總從某處聽到，競爭對手準備推出類似的商品上市，於是心急地告訴曾課長：「我知道你們的狀況，但就算只是簡略的報告，也給我看一下。」

　　於是曾課長拿著初步整理的內容進入副總辦公室，這時郭經理剛回來，聽說了這狀況後格外生氣，因為這已經不是一兩次了。

　　副總常常拋出這樣突如其來的要求，讓他非常困擾，此外，

一想到副總相當認同曾課長，認為曾課長是核心人才這點，也令他不舒服。雖然不知道已有四年資歷的曾課長是不是也這樣認為才這麼做的，但曾課長時不時會越過郭經理向上層報告。曾課長以情況緊急為由直接向副總報告了好幾次之後，令他不得不覺得曾課長小看自己。

這種時候請這麼做

在組織中「報告」占了總業務中相當大的比重。根據某調查機構的結果顯示：「寫報告跟報告占了整體業務的六成。」在職場上，報告可說是最有代表性的業務溝通方式。

如果因為更上位者要求立即越過中階主管聽取報告，員工就像上述案例那樣越級報告，那麼團隊的報告體制就會崩解。此外，下層員工其實無法站在經理的觀點指出工作的方向與工作的核心。如上述案例所見，副總忽略階級直接聽取報告的行為，會造成與經理之間的不愉快，而且如果有彼此都沒看到的問題，那麼問題就會擴大。

在這種情況中，經理應該要創造出下屬不會因自己和副總的關係而感到為難的業務環境。聰明的主管要配合組織整體狀況來發揮合作力和領導力，執行業務時也是一樣。

我們再回頭看看上述的案例。首先，如果只是副總個性急躁，但經理和課長關係良好，那麼經理就必須要求跟副總一對一面談。

第一、經理要告訴副總，課長好幾次排除中階主管──經

理──直接跟副總報告，但課長不了解中間進行的狀況，造成經理帶領團隊時相當為難，所以為了能順利掌握團隊整體業務的進行方向，需要拜託副總合作。要像這樣以有禮貌的口吻當面說清楚。

如果沒有面對面，只是用電子郵件溝通，可能會受限於文字而理解成跟原意不同的內容。所以，**重點是一定要以「一對一面對面」的形式面談，並以真誠的語氣和表情坦白地表達。**此外，跟上司拜託時，特別需要在最後一句話以提問（Ask）的型態建議。

「副總，最近同行的行動非常快速，讓您相當費心吧？我們團隊也會更勤勞地行動的。我特別想跟您說一件事。最近我需要協調的事情很多，得要親自外出開會，回來後卻常發現曾課長在我外出時把團隊中還沒有整理好的內容直接跟您報告。這麼一來，副總就得要聽兩三次報告，會造成您的麻煩，曾課長有時似乎也因為夾在中間而相當為難。如果您先告訴我，我就會在外出回來後趕快整理好向您報告，您覺得這樣可以嗎？」

最好能像這樣用建議的方式，有禮貌地表達意見。

第二、如果很難跟副總講，那麼就拜託曾課長在跟副總報告前，先用電話等任何方式跟自己報告。這是為了維持團隊的報告體系，以及防止團隊內風險的必要階段。

第三、如果經理和副總關係不好，就要由曾課長有禮貌地溝通。以曾課長的狀況來說，當他持續以副總為由直接報告時，很有可能會被其他人解釋為小看經理。

課長若能跟副總說：「副總，現在案件急迫，您可能著急

地想了解進度，但請再等我們一下，我會在下午兩點前將團隊資料和意見整理得更好之後呈報給您，您可以在那時過目嗎？」用這種口吻提議就是聰明的選擇。然後課長要快速地跟其他人整合意見，以免團隊決定事項在經理不知道的狀況下直接被呈報上去。

最後，如果將難處告訴副總後，這狀況還是沒有改善，經理就要思考如何拉近跟副總之間的距離。

如果副總說：「怎麼會！我跟經理溝通良好，只要把我需要的資料拿過來就好。現在商場環境分秒必爭，何必每件事都要一一向經理報告，這樣要到什麼時候才能打敗競爭對手呢？」那麼就要在都沒有下屬、只有經理跟副總兩個人的時候，商量如何解決這問題，以免再次發生同樣的事情。

經理的角色之一是要幫助下屬能更順利地執行業務。副總可能是因為覺得跟經理相處起來不舒服，或是覺得曾課長比經理更有實力、更信任曾課長，才會一直想要直接找曾課長解決，但對曾課長也會形成困擾。若是如此，經理就要夠積極主動地累積自己與副總之間的情誼，找出能更順利溝通的方法。

舉例來說，可以採取「利用每天早上五分鐘喝茶的時間累積情誼」的方式。實際上某企業的一位經理就遇到了這種狀況，他考量到上司一天的行程忙碌，就決定每週兩三次跟上司談最近發生的熱門新聞、新創詞彙、行銷趨勢等瑣碎的話題來打開話匣子，他持續地做了一整年。他說實際上透過這方法能累積信賴，也有助於推動業務。

經理的核心角色之一就是作為團隊中的媒介，必須理解此

角色的意義然後正確地執行。若以 360 度評量「如何發揮領導力」，就會知道在與上司的關係間發揮「向上領導力」也是領導力中重要的一環。為了要發揮向上的領導力，必須要有與上司之間的關係（Relationship）作為踏板。別只努力照顧下屬，平常也要努力建構與上司之間的好關係並累積信賴，這對自己、團隊及整體組織來說都是很重要的行為。

如何管理
只會說一步、做一步的員工

團隊中總是會有人在執行業務上比較被動。儘管他做完了被交代的事情，但以團隊、個人成長的角度來看還有改善空間。可是因為他確實將工作完成了，所以上司也無法強烈指責。該如何指導這種缺乏工作熱情、缺乏興致的員工呢？

▎EPISODE

江經理在現在的職位上已有六年的工作經驗，擔任經理滿三年。李職員則有四年的資歷，個性不熱情、相當內向，最近特別明顯的是他只會做交代的事，不會再更努力。基本上工作滿四年已經可以考慮升遷了，因此經理希望他能積極帶領新進員工，並且主導計畫的執行。

不過，看在江經理眼裡，李職員的表現比新來的員工還差，非常可惜。他明明經驗豐富、能力也夠，只要他願意，應該能創造出比別人更好的績效，但只要事情有點難度，他就明顯表現出不想做的樣子，讓經理就算想交付業務也不禁猶豫再三。

好不容易有機會跟他喝杯茶談談，他卻不打算談這些，一直在講其他的事。所以經理順著談話，認定他在工作上的付出。而在後續談話過程才知道，原本李職員自上個案子圓滿結束之後就開始提不起勁。

能在工作過程中感受到意義和成就感，是支持一個人維持熱忱的來源。但公司獎勵員工的方式劣於其他公司，也沒有特

別肯定員工的辛勞，甚至還把更大的功勞歸給後期才參與的人，種種的事情都讓這位員工感到無力。

這種時候請這麼做

　　主管面對這樣的員工，**首先要掌握他的優點與能力**。如果是因為沒有實力或是不知道自己的強項而失去方向，那麼就需要讓員工了解自己所處的狀況，例如自己忘記了工作的本質等。

　　如果主管調查員工的工作情況後，覺得應該要升遷、到了該被栽培的階段，讓他有更大舞台發揮一直以來累積的能力並且更加成長，那麼就要分析他目前的優點，分配適合的業務讓他找出興趣和樂趣。接下來，要幫助他在負責這樣的計畫時能重新建構出工作的意義。如果他曾經有條件成為核心人才，那麼就要給予支援，讓他能自己產生動力，繼續往那個方向努力。

　　當你要跟這樣的員工面談時需準備下列事項。

　　首先是蒐集既有活動資料、人資組或教育組的資料（目前為止受過何種教育），需要以這類資料作為基礎，更全面性地評估、仔細地思考後再舉行面談。若沒有資料根據、光是口頭說說，那麼員工可能會覺得面談只是一般的嘮叨，不會覺得主管是真心考量到自己的狀況才實行面談的。所以必須充分了解並思考自己員工的狀況。

　　接下來是面談技巧。

　　雖然主管掌握相關資料很重要，但也要透過充分的對話來

讀出員工內心的狀態與需求。當然，公司不可能因為員工不喜歡就幫忙換部門，或是因為員工喜歡就讓他一輩子都停留在某部門都不調換。但如果公司能盡可能考量這些狀況，培育人才，不錯過他的心聲，員工也能對自己的生活充滿活力、積極工作，那麼對彼此而言都是雙贏的局面。為了妥善培育下屬，主管就應該積極學習並實踐指導技巧。

再來是面談過程的細節。

可以等對方提升到某種水準後再每週或隔週面談，確認進行中的業務事項→認同→支援→談論其他業務目標。

愛德華・德西（Edward Deci）與理查德・瑞安（Richard Ryan）提出了關於人類動機要素的重要架構——「自我決定論」。仔細看動機光譜[4]（Motive Spectrum）中的動機要素，會發現下列內容。

出於慣性的行動（如鄰居兒子也上班，我朋友也上班，所以我也上班；大家到了那個年紀都生孩子，所以我也想生孩子的現象）、為了保障經濟來源（工作賺錢）、感受被鼓勵或工作成就感的情緒獎勵等外部要素，在提升業務方面都是較低階的動機要素。

那究竟什麼是成長、進步的契機，讓人感受到意義呢？**當公司業務與我個人的定位、人生價值觀、信念相合時，會感受到自己的成長、工作的意義和快樂，湧出能持續去做的力量。** 這麼說來，我們來看看 MZ 世代其中一個特性，也就是內在動機（Intrinsic Motivation）。

4　出自於《Primed to Perform》（Doshi, Neel 與 McGregor, Lindsay 著）一書中，目前沒有中文翻譯本。

華頓商學院最年輕（29歲）的終身教授亞當‧格蘭特（Adam Grant），曾以一所大學電訪中心的員工為對象做過一個實驗。他們的工作是打電話募款。募款資金將作為獎學金使用。他將這群員工分成三組。

A 組：照以往的方式工作

B 組：告訴他們將能透過工作獲取個人利益（例：若成功募款，將能獲得獎勵並升遷）

C 組：讓他們閱讀得到獎學金幫助的學生們改變人生的真實案例

結果，A、B 組的績效跟之前的差異不大，但 C 組卻獲得了亮眼的績效。

他還選出電訪中心的其中一組員工，讓他們有機會當面跟獎學金受惠者互動五分鐘，結果非常驚人。隔月他們所募集到的資金整整高出以前的四倍之多。

Google 前人資主管拉茲洛‧博克（Laszlo Bock）說過：「任何人心中都想找到自己所做的事的意義。找到意義的最佳辦法就是直接跟自己幫助的人見面。」（摘錄自《給予：華頓商學院最啟發人心的一堂課 Give & Take》，作者亞當‧格蘭特）

當人不是被吩咐、而是從內在自發性地產生想主動去做的念頭時，就會形成最強的動機。只要有很小的刺激或環境，又

或者自己在幫助他人和獲得績效方面是重要關鍵，就會花時間努力投資在那件事情上，從內在湧出的動機會創造出前進的力量以及生活的意義。

我們無法清楚知道上述案例中員工的實際狀況如何，但如果是因為體制不合理，使得他失去原有的動力，那麼就要幫助他有機會再次找回。也許可以透過轉換觀點、轉換業務、掌握優點等方法持續關心他，讓感到無力的員工再次使出力氣。

HOW 如何管理 能力跟不上資歷的員工

在公司的環境裡，要面對快速變化的經營環境、要度過危機，同時也要尋求成長。不過，如果有人創造的績效跟年資不成比例，能力也沒有進步，那麼該怎麼做呢？這種時候的特效藥就是「能立刻引起改變的變革管理與行動回饋（Action Feedback）」。現在就來看看相關的做法。

▌EPISODE

沈課長業務進展緩慢、每件事都找藉口。最近經理交給他一個案子，期盼他能好好做。因為他的風格就是提出方向後，一直要求更多的時間，所以經理特別給他一個月充分的時限。

當然案子也很重要，但經理其實是覺得他夠資深了，要培養他的責任感，才故意交給他的。不過，他交出來的成品卻比一般員工思考得更不周全，也沒有誠意。經理覺得太誇張而追問他原因。

「沈課長，我對於你交出的報告感到惋惜。你已經有十年資歷了，也升到課長，我是出於信任才把重要的案子交給你，但我對於結果一點都不滿意。」

「經理，我也是盡我所能努力了。我最近都在加班，想破頭才寫完的，您這樣說讓我很難過。」

「沈課長，我期待每個人都能做到符合自己職位的事情。我對你的期待並非一般職員的水準，是課長能做到的水準。不過我看了你做的報告，根本不到這種水準。這並非我個人的想

法或偏見，任何人來看都會這樣想的。」

經理很清楚沈課長的行為，他覺得沈課長說自己忙到做不到只是藉口。時不時可以看到他在上班時間不工作，都在滑手機、做自己的事，要不然就是在網購。在應該要上班的時間不投入在工作業務上，還找藉口說自己很忙，真的令人痛心。

在經理眼中，他都在想該怎麼提早下班回家，工作也只是做個大概就交差了事，想要敷衍過去。這些狀況一再發生，經理過去都只是袖手旁觀，一些晚輩反而覺得沈課長身上沒什麼可學而為他擔心，也覺得他似乎在挑戰經理的極限。

其實經理想要把他調去別的單位，但如果真的這麼做，自己在公司的名聲也會變差，所以還在考慮再三、猶豫不決。該怎麼做才好呢？

📢 這種時候請這麼做

如果團隊中所有員工的做事能力都很強就好了！但無論哪個組織勢必都會有績效好的人和績效差的人。所以，管理能力差、績效差的員工也是領導者很重要的事。從領導力方面來說，這會是相當大的挑戰。如果公司的文化都像美國公司那樣，績效不好就大膽辭退、雇用新人，那麼就不會有這種煩惱了。但是並非所有企業文化都能做到這樣。

面對這樣的員工，**必須讓績效差的人認知到自己現在無法創造績效，這稱為「自我覺察（Self-Awareness）」**。一般來說，績效差的人往往不清楚自己做得多差、帶給團隊何種負面影響，所以需要以具體的數據和事實根據為基礎，說明無法創造出績

效的狀況，並具體說明原因。

當然在給予負面回饋時，主管絕對不能情緒化。因為要是在情緒不好的狀態下給予負面回饋，下屬會誤會主管，以為「主管討厭我」而看不到事實。要盡可能以事實為中心、以資料為根據，幫助他了解自己，並且具體地協調往後該怎麼改變。

首先讓員工自己計畫改善方案。讓他自己建立改善方案並非給他更多自由，而是要讓他了解自己。萬一他說的東西太微小或是他根本沒想到，領導者就要告知他具體的方法並管理他。舉例來說，如果他常在上班時間上網或是看手機等做私人的事情，就要給予百分之百有建設性的回饋，傳達出領導者正在管理他的訊息。也就是說，要具體地幫助他排除浪費時間的要素，讓他能專注在工作上。

如果他做事能力很差，就要由人資部（HRD 部門）進行能力診斷，指導他撰寫能開發個人能力的個人發展計畫（Individual Development Plan，簡稱 IDP）來思考往後該如何提升能力，並透過教育讓他學會。具體方式如下：

第一、透過能力診斷了解績效差的員工缺乏的能力為何，並且使用教育、引導等多樣的方法制定具體的計畫來提升能力。

第二、撰寫整年度的個人發展計畫（Individual Development Plan，簡稱 IDP）。為了達成個人的展望和目標，需要撰寫具體的計畫。

第三、讓他接受能最快提升能力的實務教育課程，並與有能力的前輩媒合，隨時進行一對一協助、指導。

第四、透過定期面談聽聽看他付出了什麼努力來提升能力，然後對於他實際習得的能力來給予回饋。欠缺的部分要持續給予回饋，然後再次協調未來該怎麼做。

　　最後，要持續管理和指導直到達成所訂的目標能力。**領導者的角色就是要幫助員工成長並獲得績效。主管若能發揮領導力讓績效差的人變成績效好的人，就能被評價為真正出色的領導者。**

HOW 如何管理無禮地挑戰主管權威的高績效員工

　　人才總是會展現出在工作方面的自尊心和優越感。然而，雖然這種人的工作表現很好，卻也容易成為阻礙團隊合作的罪魁禍首。遇到這種績效良好、態度卻有問題的員工時，該怎麼辦呢？我們來看看如何立刻發揮領導者的權力和影響力。

▌EPISODE

　　蔡經理曾經和資深的吳副理共事過。這位吳副理在業務部門內的業績高、成果也很好，不僅得到周圍許多同事的稱讚，也深受上級主管的信賴。

　　蔡經理初次擔任領導者，經驗不足，對客戶也不太了解。之前長期都在其他部門工作，近期才調來這部門擔任經理，所以對這裡的業務幾乎一無所知。他無可奈何地只好向經驗豐富的吳副理詢問各種問題，也常跟吳副理一起跑第一線邊做邊學。

　　但是，不論是在第一線工作或是與合作企業開會時，吳副理的發言和行動都讓蔡經理覺得自己不被尊重。當然，吳副理不會在有第三者在的場合中這麼做，但是在工作結束後回程途中，吳副理說話總是太犀利，打擊蔡經理的自尊心。

　　「經理！這樣講可能會冒犯到您，不過您怎麼連這個都不知道呢？當客戶提出這種問題時，您應該要從技術層面說明我們為什麼要這樣做。因為您無法回答，我就必須要代替您說明。這明明是經理的職責啊！」

「話不能這樣說，我剛來這個部門沒多久，還不清楚技術的細節內容。吳副理經驗豐富當然可以代替我說明，難道非得要由我來說明嗎？」

「經理，我只是陪同、輔助的立場。客戶那邊都是主管來說，我們這邊卻都由我來說，不是嗎？經理這樣不行耶！」

「你怎麼這樣講話？再怎麼說我也是上司啊！你站在我的立場思考看看，我第一次在新的崗位當經理，你都不知道我有多辛苦？」

雖然站在經理的立場上聽到這些話會不開心，但是吳副理說的也沒有錯，所以在那種情況中不能只是發脾氣。

吳副理因為長期從事業務工作，所以對於簡單的業務決策已經習慣自己做主，不會特別向經理報告。蔡經理初次擔任主管，擔心自己面對完全沒接觸過的業務會出錯，只好默許吳副理的行為，忍耐了好幾次。不過，他也認為這狀況持續下去可能會擴大到難以控制。儘管認同吳副理比自己更了解工作，卻覺得吳副理不尊重自己的決策或是忽視報告體制等行為都是在挑戰自己。這種時候該怎麼辦呢？

這種時候請這麼做

即使是在部門當中做事能力很強的中階管理層，如果輕視初來乍到、對業務很陌生的主管，也絕不能容忍。這種情況之所以會發生，正是因為員工工作經驗豐富、自尊心太強而小看工作經驗不足的主管所致。這樣的人即使能把自己的工作做得很好，卻往往會給團隊帶來負面影響。

在組織中不能單憑個人工作能力做事，因此在這種情況下需要明確地說明。對於只懂得把自己的工作做好卻不會考慮他人的人才，應該要以團隊合作的觀點讓他知道，他這麼做會造成許多問題。務必明確定義主管和下屬之間的關係，並給予有建設性的回饋，讓下屬了解在這種情況下該如何幫助主管。

若主管以自己不熟悉這份工作為由放任下屬，或是不當一回事，那麼該名下屬就會認為自己的行為是合理的，然後持續挑戰主管。因此，主管必須適當地行使主管的權力和影響力。

根據富蘭琪和雷文（French & Raven，1959）對權力的區分，領導者擁有五種權力——合法權、獎賞權、強制權、參考權、專家權。在這種情況下，主管應該同時使用合法權和強制權。

按照以下六個原則發揮領導能力並予以回饋就能妥善發揮合法權。

第一、慎重且明確地提出要求。
第二、具體說明要求的原因。
第三、不脫離授權範圍。
第四、遵循適當的途徑，但必要時要再次確認授權。
第五、確認對方能否執行下達的指示。
第六、必要時可強制對方服從命令。

另外，按照以下五個原則發揮領導力並予以回饋即可妥善發揮強制權。

第一、說明規則和要求條件，並讓對方理解違反規則的嚴重後果。

第二、若出現違反行為，不要偏袒特定個人，反應要迅速且一貫。

　　第三、要保持冷靜，避免表現出敵意或對個人的排斥。

　　第四、要表達出你真心想幫助每個人達到期望的角色，避免受到懲處。

　　第五、要適法、公正，懲處內容也要與違法行為的嚴重程度相稱。

　　面對像吳副理這樣的人，需要使用合法權和強制權。以下是運用這點的解決方案：

　　「我知道吳副理做這份工作很久了，業務很熟悉，績效也是最好的。不過，我是這個團隊的領導者，在我完全適應這個團隊之前，我需要你以團隊成員的身分支持我，而這也是員工該扮演的角色。

　　雖然我現在還無法獨立報告或與客戶開會，不過只要再過一段時間，我自然能完全負責。在我能以經理的身分做好所有的工作之前，請你積極地幫助我。當然，我也會盡快學會各種東西，以免你一直代替我做我該做的事情。

　　人不可能因為是領導者就能做到盡善盡美。如果你能幫助我，讓我做得更好，我往後也會積極幫助你，讓你能達到更好的績效，為公司做出貢獻。」

　　管理成功的重點在於領導者要根據自己面臨的情況善加運用權力和影響力。能在對的地方適當地發揮自己所擁有的五種權力的領導者，就是優秀的領導者。

Part 3

我是
「創造良好績效」
的主管

如何做好績效管理的第一步 ——正確設定目標

在績效管理中最重要的要素就是「設定目標」。只有在大家都了解共同的目標和計畫時，才有可能妥善管理績效，所以主管必須先與大家協商後再宣布目標及其執行計畫。現在，我們就來看看在設定目標、管理過程以及回饋時的實用技巧。

EPISODE

最近大家都為了擬定教育企劃而忙得不可開交，某天卻收到人資部的一封通知信，提到建立 MBO（Management by Objectives，目標管理）的期限是 1 月 10 日到 25 日，必須在截止日之前輸入目標。

於是丁經理開了一個工作坊，邀請下屬們一起來討論、設定目標。「謝謝大家在百忙之中抽空過來。今天會議目的是要跟大家一起設定今年的開發目標並公布。」

林副理劈頭就問：「經理就以去年的目標為基礎，想個差不多的目標交出去就行了，何必要花時間開會呢？」

丁經理說：「沒錯，就如林副理所說的，之前都是那樣做。不過我覺得在分公司裡面，還是需要嘗試設定新的目標。我期待這次設定的目標能被認可為適合所有人的績效指標。」

「經理的出發點很好，但是一直以來，目標和評估都脫鉤，如果還是像這樣各玩各的，那麼設定目標有意義嗎？」

「就是為了不要再像林副理所說的那樣各玩各的，我才打算進行這次的工作坊。」

從員工們的反應可以知道，大家認為設定目標其實沒有實質意義，因此也沒有什麼參與興致或意見。經理在這樣的情況下該怎麼進行設定目標的工作坊呢？

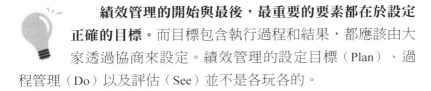

這種時候請這麼做

績效管理的開始與最後，最重要的要素都在於設定正確的目標。而目標包含執行過程和結果，都應該由大家透過協商來設定。績效管理的設定目標（Plan）、過程管理（Do）以及評估（See）並不是各玩各的。

首先，請和員工們一同寫下團隊使命宣言（Team Mission Statement）。國際知名企業或績效管理優良的企業都會將團隊使命、目標與角色彙整在團隊簡歷（Team Profile）中。團隊使命宣言就是以一句話宣示團隊的存在理由與方向。那麼，該如何撰寫團隊使命宣言呢？

團隊使命宣言是定義團隊在一年到一年半的期間中專注要點的宣誓書。在句子中要包含**何物（主要產品與服務）、為誰（主要客群）、如何（策略、方法、技術）**。團隊使命宣言一定要能反映公司追求的方向與價值。此外，要確認負責的團隊有沒有把能對公司有貢獻的特別事項寫進去。

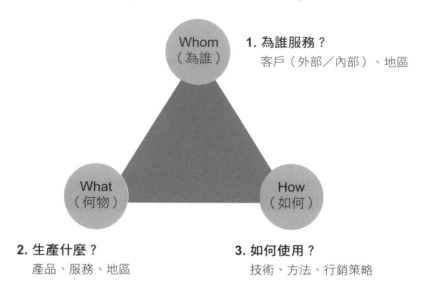

| 團隊使命宣言（三要素）|

Whom（為誰）

1. 為誰服務？
客戶（外部／內部）、地區

What（何物）

How（如何）

2. 生產什麼？
產品、服務、地區

3. 如何使用？
技術、方法、行銷策略

接下來請跟員工討論如何找出核心課題並分配人力。

研究完團隊使命宣言後，大家要討論需要何種核心課題來達成使命。進行工作坊時，可以利用集群分析（Clustering），讓會議能有效反映大家的意見。

舉例來說，可以發下十張便利貼，一一寫下執行團隊使命所需課題（顧客、戰略、程序、方法）等。再將寫下的課題依類似的項目進行分類（Grouping），然後研究出關鍵字（Key-Word）來找出核心課題。選定團隊課題後，接著依據各員工的個人能力（Competency）協調並分配工作。

工作坊結束後，主管一定要跟每個員工一一進行面談設定

個人目標。請在面談時掌握團隊內每個人的能力水準，再研究績效指標的基準是否適當。要確認績效指標中的爭議點（難易度、是否擁有能力），也要協調該如何彌補缺乏的能力來達到目標。別忘了，**設定個人目標的面談是績效管理上最重要的程序。**

接著請仔細地檢視目標是否符合「SMART」。

SMART 是指設定團隊與個人的目標時必須包含**明確性（Specific）、可衡量性（Measurable）、可達成性（Attainable）、**團隊目標與個人目標的**相關性（Relevant）、時效性（Time-Bound）。**

目標中可量化的「量化指標」與難以量化的「質化指標」也必須明確區分開來。前者像是關鍵績效指標（KPI），要以 S、M、T 為基準來撰寫，也要確認 A、R（可達成性以及與團隊目標之間的相關性）。

設定目標的核心在於經由共同協商後宣布目標來提升「評估的公平性」。可量化的關鍵績效指標（KPI）固然重要，但質化指標又該怎麼設定呢？建議可從分級、研究、檢視達成過程、列表等方法來將質化指標量化。

第一、**分級（Grid）：**需要先定義測量指標的等級以及各等級的狀況。舉例來說，可以建立五個等級左右的詳細標準後再評估結果並繪製（Mapping）。使用這方法時必須先定義所選擇的各區間評估項目並且確保評估者是客觀的。

第二、**研究（Research）：**由外部專業研究機構或是團隊親自擬定問卷項目來評估績效指標與達成率。受試者的組成非常重要，所以需要仔細檢視樣本大小、調查對象、職別等。

第三、**檢視達成過程**：要明確定義達到關鍵績效指標（KPI）的推動過程，並討論出過程的評估級別。這些行動是讓量化變得精確的重要程序，務必徹底實行。

第四、**列表（Checklist）**：需要明確寫出各種事項來縝密檢視計畫中的操作要素。

舉例來說，在花式滑冰領域中，專家為了確保評分的公平性，協商出一套評分方式，也就是技巧分和表演分的總合。技巧分的等級取決於技巧完成度，表演分可再細分為五項（滑行技巧、銜接、表現與執行、編舞、詮釋音樂的程度）。計分規則便是以此為依據，從最低分 0.25 到最高分 10 分。

「如何才能公平地評估品質呢？」這是一項非常重要的議題。主管應該努力跟員工一起將品質的評估指標量化，但最好還是能結合「優良、平常、低劣」或是細分成「優、良、佳、可、劣」的研究法（Research）或分級法（Grid）來評估。

核心價值或個人能力的評估也很有可能是質化指標。中國最大的電子商務交易平台阿里巴巴便具體寫出企業核心價值與行為指標，並且嘗試量化。舉例來說，在評估服務行為是否滿足顧客的項目中，「尊重他人，隨時隨地維護阿里巴巴形象」是 1 分，「具有超前服務意識，防患於未然」是 5 分。如果能像這樣將能力與行為的質化指標分級、管理並評估，就更能確保公平性。

如何有效監控
來指導員工創造績效

　　主管是創造團隊績效最重要的負責人。無論目標設定得再好，若沒有妥善管理過程也無法期待創造出好的績效。績效管理過程中的核心環節就是「監控」。這麼說來該如何掌握員工的業務進度呢？以下提出四種監控方法。

▌EPISODE

　　K 公司是韓國首屈一指的中堅企業，已有十七年半導體設備的相關經驗。該公司購入全球第二名的半導體公司的設備後，將人力投入工廠，持續提供設備的維護與修繕服務。員工人數已增加到五百人，可說是正以極快的速度成長。現在，公司為了擺脫日本出口限制的陰霾，啟動薄膜電晶體（TFT）國產製造計畫。

　　徐經理是此計畫團隊的負責人。團隊中的李課長原本是維修部人員，最近才調來徐經理的部門。

　　某天，徐經理通知李課長下午在會議室見面。李課長推測應該是經理不滿意這三週進行 A 零件國產化計畫草案的狀況。不過，到目前為止徐經理都沒有說什麼。李課長心中充滿不安，於是買了兩杯經理喜歡的咖啡帶進會議室。徐經理便開始跟李課長一對一談話。

　　「我之所以會要你來，是想聊聊你最近主導的 A 零件國產化的 BM（基準化分析法）。

我相信你會去找其他公司的 BM 資料才把這項計畫交給你，卻沒有收到期中報告，所以我很納悶。都已經三週了，怎麼會沒有任何報告呢？」

「我覺得您好像很忙，而且我也還沒有整合基準化分析的資料，所以判斷現在還不適合報告。」

「這是什麼意思？你還沒拿到基準化分析的相關資料嗎？你應該要跟我說需要其他公司的相關資料才能擬定 A 零件國產化計畫啊？」

「經理，可能是因為跟我一起工作的郭主任，只顧著自己的 KPI 都沒有及時幫我。在開 BM 會議的時候自己該準備的資料也沒有弄好，會議中也只是一直問我為什麼要開會，我也很尷尬。他應該聽懂我的話才對啊！」

「李課長！你現在還說這種話。如果發生這樣的事，就要趕快跟我講，然後在期中報告的時候找出解決方法。話說回來，要是基準化分析資料遲交了，後續其他程序和相關議題該怎麼進行？」

「對不起！經理，不知道是不是因為之前常跑第一線，我覺得這種企劃不太容易。」

在這案例中經理犯了什麼錯呢？

📢 這種時候請這麼做

 身為主管絕不能惰於觀察。主管是創造團隊績效的最重要負責人，無論目標設定得再好，若沒有妥善管理過程也無法創造出好的績效。**在績效管理的過程中能發揮影響力的最佳時刻就是「監控」與「回饋」。**

上述案例中，經理說李課長並沒有做期中報告。不過，以績效管理的角度來說，這表示經理沒有執行「管理過程」的職務，可說是主管的失誤。換句話說，這可視為監控不周的不祥預兆。下屬要主動提交一個內容不周全、沒有自信通過的報告，並非容易的事。

那麼，主管該怎麼監控員工的業務進度呢？

第一、讓員工寫報告來掌握業務現況。讓員工寫一週計畫就是在監控。透過報告來監控也會有缺點，就是會流於形式，員工也可能會任意添加，造成資訊傳遞不完全。不過，就算員工抱怨說寫報告很花時間，也要忍耐，一定要讓他們寫。

第二、調整開會方法，於會議時宣布業務。首先要研究跟全體員工開會的方法，這樣才能讓所有人都知道團隊的方向，並掌握個人的進度與達成狀況。為了更靈活運用大家的工作時間，需要改變開會方法。舉例來說，思考「只讓相關的人參與、公布開會議題、制訂開會流程」等。請捨棄習慣的「例行性會議」，並謹記最佳的會議就是由引導者進行的「任務性會議」。

第三、透過定期面談來監控。這時該注意的是，避免面談淪為形式或一般的指示。錯誤的個人面談反而是造成信任下降的原因。為此，主管必須好好學習面談技巧。

第四、隨時面談、給予回饋。在遽變時代，事事講求快速的經營環境中，隨時跟員工面談與回饋將大幅左右績效管理的成敗。平日監控時要清楚地記錄觀察到的事實（言語、行動、績效），然後以此為基礎，認同、稱讚或要求改善。

HOW 如何給予實用的回饋
支持員工達標以及成長

　　有人説：「在監控的過程中，主管的回饋相當重要。」不過就算了解其重要性，許多人還是不太知道具體方法為何。在管理過程時，主管的溝通技巧對於達成目標有深遠的影響。本篇會介紹如何運用 GROW 模型來進行一場有效的面談。

▌EPISODE

李課長是 Z 公司策畫 2022 年 A 產品海外上市計畫的負責人，有天臨時被直屬上司鄒部長通知開會。他推測應該是部長不滿意這一個月來他準備的 A 產品計畫。不過，到今天為止都沒有收到鄒部長的任何回饋。

　　「我今天請李課長過來開會就是因為 A 產品的計畫。我不喜歡李課長的工作方式。就我看來，你似乎還沒有正式開始進行相關計畫。當初我提議要把現在的 A 產品計畫交給你的時候，其他人都表現出很擔心的樣子。可是考量到你的升遷，我才勉為其難給你機會。」鄒部長無法壓抑內心的不滿，把種種問題點都吐露出來。

　　李課長聽完後像洩了氣的氣球一般。鄒部長最後還說：「如果你沒辦法在一週內解決這些問題，我就無法保障你的人事考核！」就結束了會議。李課長心中也燃起了熊熊怒火。

　　在這場面談中，鄒部長有哪些問題呢？

該如何給予回饋，才能讓員工燃起鬥志呢？現在起我會告訴你能立刻使用在工作上的實用回饋方法。直截了當地說就是**「像鏡子一樣回饋」**。好的回饋就是將狀況、言語、行動完整呈現給員工看，然後給予稱讚或支持他改善、加強。請記得，回饋中就算只摻入一絲絲的情緒，也會帶來負面的影響和反應。更重要的是，請勿忘記回饋的原則——必須是針對個人，而且必須是正面的。

我們來具體檢視一下上述案例。該部長在扮演「過程管理」的角色上犯了嚴重的錯誤。

績效管理其實是一種正式賦予外在動機的代表性方法。過程管理能讓員工產生動機，自然而然地連結到組織與創造績效。雖然設定目標也很重要，但過程管理若不周全，一次寫出整年度績效管理的文件作業和面談就會變成折磨人的制度。**主管在執行業務的過程中要觀察員工平常的言行等再具體地記錄。為了針對觀察到的事實提供實用的回饋，需要事前協調時間再一對一面談。**首先，我們來看看主管在面談上常犯的溝通錯誤。

「要採用不具威脅性的指導！」這是大多數指導大師提供的指導核心重點。面談成功與否在一開始就被決定了。主管若以威脅性的指導方式要求跟你面談，結果會如何呢？你應該也很難在面談中正面積極地溝通。

因此建議使用寒暄（Small Talk）的對話方法來開始不具威脅性的面談。要求面談時可以使用請求允許的表達方式（Labelling skill）：「李課長，今天下午很忙嗎？可以給我一點時間嗎？」或是「李課長有空的時候可以過來跟我喝杯咖啡聊聊嗎？」

請記住，在跟員工面談時，**面談成功與否在於初期的友好（Rapport）**。所謂「友好」是指「感情的紐帶」，彼此的感情就像橋梁一樣連結起來。之後再具體、清楚地針對觀察到的狀況（言行）給予回饋。接著請利用**系統化面談模型（Goal, Reality, Option, Wrap-Up, GROW）**來仔細說明。

第一、在面談開始之前需要正面地理解跟隨者以及研究狀況。領導力取決於狀況（Situation）、領導者（Leader）、跟隨者（Follower）這三項要素。許多理論和研究學者整理出一個結論：領導力沒有標準答案。不過，還是需要努力找出符合狀況的最適解答。尤其現在絕對需要因應 MZ 世代跟隨者特性的團隊經營方法、發揮適合組織文化的領導力與績效管理。

第二、要理解世代差異與衝突起因並克服。現在嬰兒潮世代[5] 即將退休，而 MZ 世代則占據團隊的大多數。X 世代[6] 則夾在上一世代與 MZ 世代間，他們面臨的中階管理層衝突是近來團隊中最重要的議題。「該怎麼讓年輕世代投入在團隊中，並能與之前的世代順利溝通，為團隊貢獻績效？」成為他們需要專注的焦點。

現在的企業為了整合不同的世代，也花了相當大的努力在廢除職等、改變稱呼或改變工作方式等方面。主管就是建構符合這時代的公司組織文化以及團隊文化的核心。尤其部分千禧世代已成長為中階管理者和主管，年輕的 Z 世代正大舉進入組織中，主管們不得不開始深入思考「跟隨者是什麼樣的人」。

5　指出生於 1946 年至 1964 年。

6　指出生於 1965 年至 1980 年

第三、積極使用系統化面談模型（GROW）。 如果發現已經到了要指導的時刻，主管該如何給予員工回饋？在指導之前要先掌握跟員工之間的信賴程度。如果在彼此無法信任的情況下拋出指導問題，將很難期待能從對方身上得到好的回覆。相反地，若是在彼此已經能互信的前提下面談，就等於是為後續過程做好準備了。

要不要試著依循以下的對話方式進行系統化的面談過程？（說好的五天都已經過了，卻還沒有看到報告，徐經理正在監控慌張的李課長）

經理　「李課長，最近你看起來很忙耶！今天下午兩點可以跟我開個會嗎？」（**要求開會**）

課長　「好的，經理！請問是有什麼事嗎？」

經理　「喔～我很好奇李課長手邊計畫的基準化分析進行得如何。如果可以的話，請把目前為止的 BM 資料（基準化分析法）拿來給我看。」

下午兩點開始在會議室面談。

經理　「李課長最近都很努力工作，很晚才下班。很辛苦吧？」（**開場寒暄**）

課長　「沒有啦。只不過是留到比較晚而已。」

經理　「不過最近有遇到什麼問題嗎？」（**目標**）

課長　「之前您指示我蒐集其他公司撰寫的國產化零件的BM 資料，我還沒蒐集完，所以蠻煩惱的。」

經理　「原來如此。上次說好今天要看 BM 資料，對吧？我很想知道結果才找你開會。現在進行得如何呢？」（**詢問事實**）

課長　「我努力去找三間公司的資料，但現在只有拿到一間公司的。」

經理　「喔～雖然目前三間只取得一間，但想必你已經很努力了！要調查其他公司的情報還要拿到資料真的不簡單。」（**同理**）

課長　「是的，我曾在研討會上見過 A 公司的許課長，我去拜訪他，跟他說了之後，他就給了我一些資料。不過，我沒有認識另外兩間公司的人。我拜託過郭主任，可是似乎不太順利。」

經理　「原來是這樣。你剛進來我們部門沒多久，還沒建立人脈網，應該會很煩惱。話說回來，你認為剩下兩間公司的情報該怎麼取得呢？」（**提問**）

課長　「就如您所知的，郭主任比我更有相關經驗，也有人脈，所以我會繼續督促他拿到 BM 資料。」

經理　「是不是因為郭主任是 MZ 世代，才會只把自己的事做得徹底，卻對其他員工的業務不太在乎？這樣該怎麼領導他呢？」

課長　「我才剛調來不久，還沒有跟郭主任累積足夠的私人交情。明天我打算跟他一起吃飯，也一起喝一杯，聊聊我自己的立場。」

經理　「這個想法不錯！我覺得為了順利合作的確需要花點時間了解彼此、累積交情。
我希望你不要只是一個人做事，而是能跟身邊的同事合作，讓團隊發揮最大的力量。我相信你會做得很好的。」（**執行與結尾**）

徐經理進行會談的方式是利用「GROW 模型」掌握問題點，讓對方自己察覺問題並找出解法或替代方案，然後幫助他執行。在指導時使用的核心溝通技巧就是提問、傾聽以及回饋。提問的技巧是開啟員工的想法並讓他自己領悟，傾聽的技巧則是打開對方的心門，當兩者達到均衡時就會讓面談更成功。

| 以 GROW 模型進行面談的過程 |

What will you do?
－你打算從哪件事開始做？
－你打算從什麼時候開始做、
　怎麼做？
－我該怎麼幫助你？
（Will，行動計畫）

What do you know?
－你想表達什麼？
－你在那方面最積極的作為是？
－這結果對你來說有什麼意義？
（Goal，目標設定）

What can you do?
－你能做什麼來改變？
－其中有什麼方法？
－是否還要找出其他替代方案？
（Options，選擇方案）

Where are you now?
－發生這問題的原因為何？
－真正的原因為何？
－目前為止做了什麼努力來
　解決？
（Reality，檢核現狀）

HOW 如何透過認同與稱讚 來獲得更高的績效

任何人都想被稱讚、想得到更高的獎賞。你不也渴望上司的稱讚嗎？何種稱讚技巧能鼓勵員工在僵化體制下自動自發執行任務，以及提升一心等待下班的員工的績效呢？我們立刻來看看受大家歡迎的稱讚技術。

EPISODE

莊主任三個月來都在進行執行長交代的 B 案。他順利地在截止日期完成了困難的案子，因此對於自己的表現相當滿意，而且這是他完全憑著自己的能力達到的績效，所以他暗自期待會得到上司鄭經理的大力認可。

莊主任完成的 B 案被證實能有效降低成本，六個月後也得到公司內部頒發的優秀計畫獎。在頒獎典禮上，鄭經理被唱名要上台領獎。鄭經理便在所有員工的歡呼聲中榮獲最優秀計畫獎，但他卻沒有提到莊主任。

頒獎典禮過後的第三天，莊主任有機會跟鄭經理一對一開會。莊主任心想終於能得到鄭經理的認可，滿心期待地走進會議室。

「莊主任執行的 B 案已被認可能夠有效地降低成本，所以我期待你這次也能多多幫忙執行新的 X 案。」

「經理，這句話是什麼意思？」

「這次革新 TFT 組的 X 案已經交給李課長進行了一個月，

但進度落後太多，所以希望莊主任可以協助。」

「經理，這次我為了 B 案每天工作到很晚，我的身體狀況甚至因此變差。現在要加入另一團隊太勉強了，而且我也需要處理這段時間一直沒有專心處理的其他業務。」

「莊主任，就如你所知的，X 案比我們想的還有更多事要做，以現在的業務量來說人力實在不夠。老實說，現在參與 X 案的人並沒有盡力全心投入，而且他們工作速度實在太慢了，所以我才決定要請你來協助。你的能力優秀，希望你可以一邊做你負責的事情，也一邊加入 X 案。」

「經理，現在我才加入能改變什麼嗎？我覺得整個團隊都有問題。我希望您能重新思考團隊的工作方式。」

「我知道了，如果莊主任這樣想，我也沒辦法……辛苦了。」（我以為只要我開口，他就會心甘情願加入，是出了什麼問題嗎？）

📢 這種時候請這麼做

達成的績效超乎自己的預期結果時，理所當然地會期待獲得上司的認同、稱讚和獎勵。不過，別說是稱讚了，上司還想再多交付任務，這時員工會怎麼想呢？

在過往的企業文化中，團隊內的人其實沒辦法自由坦率地表達自己的情緒。不過隨著世代更迭，職場文化已開始轉變。以前有個廣告文案說「你不說我也知道！」但這並不適用於現在的 MZ 世代。MZ 世代更傾向於有自信地講自己的話，所以非常好奇自己在組織內會得到何種評價。他們也沉浸在社交平台上，最喜歡的就是「讚」。為了得到一個讚，即使是冒險都在

所不辭，甚至有人會做出違背常理的脫序行為。

那麼在上面的案例中，鄭經理該如何肯定莊主任的績效呢？該如何具體地表現出對莊主任的認同呢？

「這案子之所以能成功，關鍵在於莊主任的點子。」

「莊主任憑著強韌的毅力說服既得利益者，縱使過程艱困卻都沒有放棄，所以才能成功！」

鄭經理應該要在公眾場合公開地稱讚莊主任，具體地認同他的辛勞。如果沒有公開的機會，至少也要在面談的一開始大方地稱讚他所創造的績效。

以下為能有效地表達認同與稱讚的做法。

第一、要以具體的說明表示認同與稱讚。 如果只是簡單地帶過一句話：「你做得很好！」那麼當事人會怎麼想呢？應該要更具體地說明哪裡做得好、為公司帶來多少貢獻。

第二、針對員工做得好的行為，表達時要一併說明主管正面的感受以及對團隊正面的影響，這種稱讚才會真誠。

「莊主任，這次你經手的 B 案，整體花費比之前省了 5%。我覺得我是代替你上台領獎的。多虧有你，我們團隊才能被稱讚。這都是靠你工作到很晚，憑著強韌的毅力才完成的。真的很謝謝你。」

第三、區別公開的稱讚和非公開的稱讚。 除了為公司貢獻良多時進行公開的稱讚，平常也建議在監控過程中要個別稱讚。

第四、每次觀察到做得好的行為時就要立刻稱讚，這樣才

有效。所以平日監控很重要，請不要錯過稱讚的時機。將來進行績效評估面談時也請考量這些稱讚的重點。

　　容我再強調一次，認同和稱讚的核心重點在於「具體」。這種時候一定要表現出真誠，而且一定要提到帶給團隊和主管的影響（Impact），並且好好表達主管的感受（Feeling），這樣才會更有效。稱讚之後，絕對不能提出額外的業務要求或指責。稱讚要純粹（Pure）。真誠的力量會再次化為正面回饋回來的。

HOW 如何協助
長期績效不彰的員工

　　有些人雖然很努力卻沒有創造出績效，以主管的角度來看，會覺得很可惜。對於績效不彰者（C級員工）有什麼改善績效的方法嗎？已經改變過指示方式，不只責備過，也稱讚過，還一起吃飯喝酒來要求他改善，卻都沒什麼效果，該怎麼辦？以下提出一個實用的回饋方法來指導績效不彰的員工。

▌EPISODE

總是提早上班，到下班之前幾乎都沒有時間休息，這就是丁主任的日常寫照。而不久前因為被交付製作新計畫的企劃案，現在他連休息的空檔都沒有。經理想了解這次新企劃案的進度，於是決定找丁主任來開會。

　　「丁主任，你最近工作超級努力的耶！」

　　「沒有啦，G案的企劃草案進度不如我的預期。」

　　「那麼要不要問問看其他同事的建議，或是開個會，大家一起集思廣益呢？」

　　「經理，這次是由我的點子發想出來的企劃，我會自己想辦法做完的。只是希望可以再給我多一點時間。」

　　「這樣嗎？那麼你需要多少時間才能交出草案呢？」

　　「我下週一可以報告。」

　　「OK。如果有不懂的地方或是需要幫忙的，隨時都可以問我或是問同事喔！辛苦了！」

　　「好的，經理。我會全力以赴的。」

到了下週一上午十一點，經理在會議室裡驗收丁主任的企劃草案。但結果是，企劃案還有很多地方需要修改，而且日程已經延遲了。企劃的目的與需求並不明確，解決方案也不具體，不禁讓人懷疑「究竟這樣行得通嗎？」

會議結束後，經理思考「為什麼會發生這樣的事呢？」是不是錯在接受丁主任說要一個人發想企劃案的提議，還額外給他更多時間呢？是丁主任的工作方式有問題，還是個性有問題？經理想了很多。

回顧以前的經歷，丁主任雖然總是努力地想做好企劃案，但每次都無法令人滿意。也考慮過把其他工作交給他，但也許是因為他個性內向，跟人相處時相當不自在，只喜歡獨自作業，所以實際狀況就是找不到其他適合他的工作。雖然想給他機會，讓他創造出好成果，卻想不到方法。該怎麼做才好呢？

這種時候請這麼做

無法管理好團隊中績效差的人的時候，團隊會發生什麼事呢？

結果就是會導致績效水準降低或是能完成的工作量減少，最後還有喪失團隊競爭力的風險。而且其他員工很有可能要額外負擔績效差的人的工作，引發對團隊合作的不滿。

員工們的工作熱忱也會因此降低，對主管失去信賴。再加上，績效差的員工無法成為其他員工的好模範，更不可能扮演指導或啟發的角色，甚至還會發生終極的副作用：出現其他績效不佳的人。

那麼該如何管理團隊中績效差的人呢？

首先要檢視「誰是績效差的人？」。現實生活中你正在擔心哪位員工的工作績效呢？請想著他的名字與表現，依照下列程序做做看。

第一步：該員工是否正確設定執行業務的標準與目標？如果問題出在第一步，那麼就要與他重新協商並設定他個人的目標，再建立回饋系統。

第二步：他在執行業務上是否遇到障礙？如果問題在於第二步，就需要再次調整他的工作環境、重新建立工作流程、重新分配資源等，協助他排除那些障礙。

第三步：他是否具備執行業務時所需的知識與技術？如果缺乏，那麼就要提供教育（包含指導）與實習的機會，建立培育計畫並執行。

第四步：他在執行業務的過程中常常失誤，對於這狀況本人是否想要改變？如果員工本身的態度有問題，這一步就是對現任主管最吃力的考驗。尤其如果勞工團體對公司的經營或人資有強烈影響力，就更無法要求該名績效差的員工辭職。人事安排雖然是主管既有的權利，但現在的環境無法允許主管隨心所欲開除員工。

如果無法命令對方離職或轉換職務，那麼就算只有一點點，也需要先仔細地觀察如何幫助他提升工作績效，或是嘗試調整工作的優先順序和工作方式等。可是，如果員工的問題還是一直持續下去，就只能無奈地跟人資協調，把他調派到其他團隊或是請他轉換職場。

如果員工的態度一直都很有問題，那麼就可以說，沒有適合的解決方法。終極手段就是要求他在團隊內轉換職務或是移調到其他部門。不過，在此之前還是需要努力要求他改善績效，可嘗試下列的回饋技巧。

以下是五步驟指導技巧（Step Coaching）。

第一步、說出已經觀察到的問題（Fact）。

「丁主任，你寫的 G 案的草案比原先預估的更晚交，而且方向不明確，我無法被說服。」（只提到所觀察到的內容，不要包含情緒性的字眼。）

第二步、稍微等待對方的反應。

「經理，我開始做 G 案才知道，沒有之前的資料讓我參考，我只好去整理經理的會議資料，後來發現時間不夠才耽誤到日程。您可以理解我的工作很多吧？」（員工堅持自己所說的理由，主管要使用聆聽技巧來理解並判斷所聽到的內容。）

第三步、重新確認目標。

「我當然可以理解丁主任很忙。不過所有的員工也很忙，卻都能遵守跟我說好的截止日。再加上，像今天這種狀況已經不只一次了吧？上次你說會在開會兩天前給我會議資料，但是我到了前一天快下班時才收到。」

「經理，因為當時我一邊要做其他工作一邊還要整合資料，所以才會遲交。」

「是喔？我印象中，你不是每次都在會議前兩天就說你整合好資料了嗎？」（要以中立的口吻、不帶情緒地重新確認目標。）

第四步、要求具體的解決方法。

「我必須在這週內向副總報告這次 G 案的草案。該怎麼準時提交呢？」

「經理，不管怎麼樣，我都能準時交的，請不用擔心。」

「準時是一定要的啊！不過你要怎麼做才能在草案中用明確的方向說服我呢？」

「我會去研究有沒有跟 G 案相關的資料或類似案例來掌握一些概念。之後我會再跟您進一步討論這部分。」

經理可以用以下的說法表達認同並稱讚，藉此激勵他。

「丁主任，這真的是很好的想法。」（雖然我不太喜歡你的想法，我希望你再問我什麼方法更有效，沒有更多想法的時候也可以告訴我。）

第五步、同意解決方法並支持他執行。

「沒錯。計畫的核心就是掌握概念。期中報告時，我們再一起慎重地討論吧！我期待丁主任能在期中報告前想出更不一樣的企劃草案。那就拜託你了。」（表現出支持，同意雙方協商的內容與執行。）

HOW 如何以公正透明的方式評估員工的績效

主管的職責就是要開發員工的優點並且改善缺點，盡心栽培員工。而且這點也要確實地反映在績效評估上。不過，人是有感情的，不管再怎麼公私分明，還是會比較偏愛某些員工。該考慮哪些事項才能盡可能讓績效評估公正透明呢？

▌EPISODE

A 主管：如果員工對我的評估提出異議，我就會想要立刻辭去主管的職位。該怎麼完美地說明評估結果呢？有些項目直觀上是質化評估，該怎麼做才能量化評估呢？

B 主管：我覺得績效管理最難的就是績效評估。我無法隨我便愛怎麼評就怎麼評，有時候必須幫助某人升遷卻難以調整整體員工的評估結果。有時候不得不給某人劣等評價，結果連看到當事人也會很尷尬。

C 主管：我們部門最初設定目標時，並沒有針對各自的目標設定指標，導致評估時不知道該怎麼評估。

每逢需要進行績效評估的年底，就是許多主管們苦惱的時候。那麼你在評估員工們的績效時遇到的困難又是什麼呢？以下提出公正透明的績效評估法。

在提到評估績效之前，必須充分了解公司的人事評估制度，這才是公正的評估的基礎。這就好比若不了解交通法規便無法開車上路一般，若對於人事評估制度了解不夠徹底，就無法公正透明地評估。

而且，請不要忽略「人事評估並非萬能的」這點。平常工作中不會表現出的個性、習慣或未來性並不在評估範圍內。人事評估的終極目的是開發員工的能力，並藉此創造出團體績效。**要謹記，評估的目的並非為了差別待遇或獎勵而設立的，而是要開發員工的優點並且改善缺點**，這樣做才是所謂的栽培員工，這與他的工作熱忱直接相關。

評估績效者，亦即主管，必須要不斷磨練自己在評估與面談時所需的相關知識、技術與態度等。評估者要比被評估者更理解績效制度，也要透過面談技巧致力於公正地評估。不過，在進行績效面談時會發生各種狀況，主管為了克服這些而付出的努力，將會成為成功的績效管理制度與經營的基礎。

首先，**請務必傾注心血確保績效評估的公正性**。公正性對主管和員工雙方來說都是相當敏感的問題。為了降低主管對評估的壓力，需要擁有對自己評估結果的確信和自信。

至於員工對績效評估結果可能有的抱怨如下。

· 「我們的主管什麼評語都沒說，只是單純地評等 A、B、C、D、E。」

· 「我覺得主管的評分好像是反映主管平常的想法，而不

是 KPI。」

· 「在沒辦法創造績效的狀況下，是要怎麼評估啊？」

· 「資歷好的人都把好工作拿走了，資歷差的人就不可能拿到好的評等啊！」

· 「你這個菜鳥，很差的評等都是給準備要調離團隊的人，好的評等才集中在準備要升官的人……現在你還覺得評估公正嗎？」

這麼說來，該怎麼做才好呢？若想確保績效評估的公正，**需要準備以關鍵績效指標（KPI）等相關事實為基礎的客觀評估資料**。此外，要讓大家知道評估者常犯的錯，也要自我反省。主管到了績效評估季時，要讓員工看見你降低評估失誤的努力，並且致力於確保公正。主管應先仔細檢視是否有下列問題。

| 為確保公正需自我檢查的項目 |

· 評估的公正性與透明度遭到批評時，接受度是否很低。
· 是否壓制優秀員工的士氣以及對團隊的貢獻。
· 是否無法掌握各個員工的優點與缺點。
· 對於個人績效水準（難易度）的分辨力是否降低。
· 員工對主管的信賴與投入團隊業務的程度是否過低。
· 是否喪失努力工作的鬥志與熱情。
· 是否試圖離開公司或團隊。

HOW　如何與不在乎考績或資歷的員工進行面談協商

有些員工平常就不怎麼在意自己的資歷或考績結果。雖然每個人的價值觀各有不同，但若員工自己沒有成長的意志就很難為團隊績效帶來好的影響。這種時候，該如何跟這樣的員工進行面談呢？

▌EPISODE

「今天我找徐主任來，就是想宣布今年上半年度績效評估的結果，然後設定往後的策略。」

「好的，經理請說。」

「我想趁這個機會提出徐主任上半年度績效評估建議，還有建立明年的計畫。我先宣布評估結果以及原因好了。我希望所有的員工都盡可能獲得好績效並得到適當的評估。但是，徐主任上半年的業績比我預期得更糟。」

「經理，您說我很糟嗎？我覺得還不到那種程度啊！希望您能憑良心好好評估。」

「我覺得你根本不在意評估。你記得你跟我一起設定的 KPI 是什麼嗎？」

「我的 KPI ？經理也很清楚嘛！我也是盡我所能努力去做了啊！」

「我覺得你現在的態度就是一副根本不在意的樣子。你似乎不太清楚這次的面談會影響升遷和獎勵。」

「經理！說實在的，我們團隊的評估早就已經內定了，好的都是給那些已經要升遷的人，不是嗎？我覺得每半年設定的

目標和獎勵都沒什麼差別，對我來說一點意義都沒有。」

「徐主任，現在這個面談有多重要⋯⋯你要不要稍微在乎一下。」

「我？我不管了啦！請您自己好好評估！」

📢 這種時候請這麼做

在評估績效的過程中會看到員工做出各種反應。希望你也可以一起思考這些常見案例的解決方法。

以上述的徐主任為例，如果進行績效評估面談時，員工表現出毫不在意或是沒有反應的樣子，該怎麼應對呢？

請試著跟員工達成私人協議。為了提升他對績效評估的在意程度，在面談時請嘗試提出某種跟他的職涯相關的協議。

「徐主任，你知道考績是升遷和獎勵時非常重要的基準吧？你就快要升遷了，我覺得現在起正是需要努力獲得好評價的時間點。」

「徐主任，現在進行的面談相當重要，要討論如何好好設定往後的執行計畫以及如何達成目標。」

也就是說，要讓他明白，這場對話關乎他的職涯，要讓企業與團隊的目標跟他的資歷目標結合。不過，絕對禁止跟他約定：「只要你幫我做到這件事，我就負責你的考核。」因為萬一說好後無法守約，就會陷入無法挽回的致命窘境。

另外，營造出好的面談氣氛並且展現真誠，將能提升員工的參與度。

有評估權者，即主管，要妥善管理行程來營造出面談的重要性和氣氛。例如在績效評估面談前一個月跟所有員工開會，公布面談的消息。主管要提到面談的重要性，並協調面談時的主要內容、面談程序等。在面談的兩三週前要跟員工一對一協商面談日期和地點，這時一定要提醒員工做好事前準備（自我評估報告與相關依據）。

　　接著，在面談的幾天前再次利用電子郵件通知面談時間以及需要一起討論的內容。藉由主動通知行程，可表現出主管負責面談的態度。換句話說，必須要透過告知面談的目的與重點來全力營造好的氣氛。

HOW 如何跟不滿意評估結果或情緒化的員工進行面談

　　有些人總是情緒性地處理問題，無法客觀地檢視自己。還有些人只要聽到一點點負面回饋，就很容易誤會。當這樣的員工覺得自己的績效評估結果不如預期時，就會特別不同意、不信任主管。究竟該怎麼面對這樣的員工呢？

EPISODE 1

　　「我在今天的會議上會公布上半年績效評估結果，以及討論下半年達成目標的計畫。」

　　「好的，經理！我也是聽說會公布。不過，我的績效評估結果如何呢？」

　　「我分析蔡主任這六個月來目標與業績的差距，為求公平起見，我決定把你上半年評等定為C。」

　　「等一下！您說我的評等是C？我覺得有點太誇張了。」

　　「有嗎？蔡主任覺得這樣的評等很低嗎？」

　　「是這樣的，您也知道嘛！明年我準備要升遷了，上半年評等對我影響很大。您還記得之前您跟我談過的內容嗎？您說只要我達成相關目標，就會好好關照我，我們不是私下這樣說好了嗎？」

　　「蔡主任，上次設定目標時我說過，在升遷前達到並且超過目標當然重要，可是過程中發揮卓越的能力也會得到好的評等。當時我不是在所有員工面前說了嗎？」

　　「是喔？我不太記得您說過這些話，但我從來沒有在進程中拖延過。」

「只有蔡主任是這樣想。」（打開監控資料）

「經理，您不能到現在才說這些話。團隊裡到底是誰拿到比我更高的分數？請告訴我他哪裡做得比我好。我完全無法同意您的說法。」

EPISODE 2

「快進來吧！要到年底了，應該很忙吧？」

「喔！對啊！好久沒跟經理一對一開會了。」

「我一直忙到現在才有空跟你見面。先說結論，這次的評等我決定給你 C。」

「經理！我已經按照之前的約定如期達成了，我無法接受這種評等。」

「王專員，具體上你在說哪件事呢？以我來看，雖然如期達成了，但以品質來說是有問題的。」

「這是什麼意思？今年第一季販售給 A 客戶的數量已超過主管設定目標的 10%，在第二季也超過 14%，不是嗎？」

「當然你達成了個人業績目標，但是這不是當初協商的提升團隊績效的標準，不是嗎？」

「經理，我達成了當時跟你協商的目標，還超過了 10%，不是嗎？而且您也知道 A 客戶的狀況有多困難。」

「我知道以當初的目標來評估很重要，但顧客狀況改變時，我也增加了挑戰項目啊？當時我說過，這是很重要的挑戰項目，不僅期限重要，品質也很重要。你在挑戰項目上並沒有達到我預期的水準。」

「您所說的挑戰項目就是我的 KPI（關鍵績效指標）項目，不是嗎？」

為什麼會發生上述尷尬的狀況呢？在評估績效之前，需要思考目標設定與過程管理是否確實。如果目標方面沒有問題，那麼就要檢視在管理的過程中觀察到的監控清單。如果員工反駁，就能以觀察日記和能力評估紀錄表等為基礎來進行面談。

再強調一次，**請檢視過去的監控紀錄是否依客觀的觀察來撰寫**。因為監控是要記錄在雙方協商的客觀標準上觀察到的言行。觀察就是指「推斷、思考與討論」。此外，也要證明是以何種判斷為根據而得到不同的判斷結果。也就是說，需要具體記載員工的事實（言行），不能單憑推測記載。推測是指個人對於當時言行的主觀見解，舉例來說就是「他很主觀」、「他沒責任感」。

客觀且不具推測性地記錄言行的監控清單與觀察日記等，都可以做為評估面談時的關鍵證據。儘管已經準備好資料，但如果會提到敏感的狀況，重點還是「溝通技巧」，如提出刺激思考的問題、有同理心的聆聽、簡單明瞭的說話等。

評估並非獨立進行的。只要一開始的目標設定是經由團隊整體與個人共同協商出來的，再加上，執行過程中主管有隨時監控有沒有問題、該幫忙什麼並給予建議，基本上就不需要擔心面談結果無法獲得員工的認同。

請謹記，**面談前需整理對方能認同的證據資料**（觀察日記、監控清單、報告）。

上述案例中，經理與王專員爭論的議題在於「挑戰項目算

不算 KPI？」此外，雙方對於有沒有協商也爭論不休。請記住，你的證據資料就是記錄了何時、如何協商的觀察日記。

進行面談前，**也須努力熟悉面談時的程序**，並清楚了解面談過程中各種問題的處理方法。如果預料到會發生一些尷尬的狀況，請務必在事前整理好腳本。

接下來是面談流程、該注意的事項與主要內容。

第一、盡可能營造出舒服的氣氛。要記住前面提過，面談初期的友好關係能確保面談品質。在王專員的案例中，可以看得到從一開始營造氣氛就有問題了。請務必採用不具威脅性的方法。如果有能支持、認同並稱讚他的內容，也不要漏掉。

第二、面談開始後，要說明面談目的、面談過程將如何進行。要表現出面談的重要性和你在意的程度，並告知進行的時間或主要內容為何等等。

第三、主管決定的評估分數要以觀察資料為基礎，目標則是次要的。並且要詢問員工自我評估的分數和原因。

第四、跟員工交換意見，詢問評估的爭議點為何。主管要簡潔有力地傳達並積極傾聽，也可以隨時給予回饋和指導。建議你能在面談時分析成功原因和失敗原因（Good & Bad），並以此為基礎來對話。不能忽略的部分是，需要事先研究有沒有員工無法控制的因素，然後針對那點交換彼此的意見。

第五、交換完意見後，一併討論明年的目標方向。此回面談結束後需要持續觀察，並隨時依情況進行額外的面談。

| 績效評估面談的過程 |

PLAN
（計畫）

透過面談
提升績效

DO
（執行）

SEE
（評估）

· 蒐集面談相關資料
· 通知面談日期並確認
　日期與地點
· 準備面談內容並確認
　腳本

· 營造舒適的氣氛
· 說明面談目的與過程
· 交換評估意見
· 討論並確定爭議點
· 設定明年目標方向

· 記錄面談內容後雙方確認
· 掌握事後進行項目
· 觀察並進行之後的面談

Part 4

我是
「講求考核公正」
的主管

HOW 如何聰明帶領
對升遷很敏感的員工

　　任何人都希望自己工作上的努力能被認同。如果當中有員工即將要升遷，希望獲得特別好的評等，但實質上的表現很一般，那麼對於績效評估就容易變得非常敏感。面對這樣的員工，主管該發揮何種領導力呢？

▌EPISODE

　　幾天前，陳主任突然說有話想跟經理談，請經理抽空。平常他不會要求這種面談，所以經理覺得很奇怪，不禁猜測：他是想說什麼呢？還是因為明年要升遷了，想跟我談績效評估的事情呢？

　　「經理，在百忙之中還耽誤您的時間，真不好意思。我想跟您說些我私人的狀況。」

　　林經理不發一語地看著陳主任（這人的表情看起來就是要來談考績的……平常就應該好好表現、創造點績效啊……），一會兒開口：「你就放心地直說吧！」

　　「是，您知道我明年預計要升遷吧？但這次評等如果沒辦法拿到 B 以上，可能就沒有資格了……」

　　「所以？」

　　「所以我希望您這次做績效評估時能稍微為我著想。明年我會更努力的。」

　　「我知道你想說什麼，你知道評估是我本來的權限吧？」

　　（平常就該努力拿到好的績效啊！這樣講讓我超有壓力耶！）

「是的，我很清楚。我會努力的。」

　　其實經理本來想再多講一點，但感覺陳主任應該聽不下去……所以就直接打發他走了。說實在的，陳主任讓經理很有壓力、挺不自在的。如果希望明年有資格升遷，之前就要更積極工作，多多溝通才對吧！但是到現在才跟他講這些，陳主任想必也聽不進去。

　　其實經理真正的煩惱是：如果給陳主任評 B，就會有人是 C 或 D，該怎麼說服他們接受？尤其這麼做的話，對拿到 D 的員工更過分。一想到可能會有人因自己的善意而受到損失，經理已經開始頭痛了。

這種時候請這麼做

　　在主管的一堆煩惱當中，最具代表性的應該就是這個了吧？先說結論，**身為主管應該要對自己做的評估有自信**。想到預備升遷的人，當然會很苦惱。不過，為了讓你自己有信心去面對員工的不滿或質疑，從建立目標開始到期中檢討為止都必須檢視數據和品質。

　　績效管理的核心就是要「一致」和「透明」。如果主管一直以來的績效管理都相當一致、公開透明且溝通良好，那麼他就是忠實地扮演主管的角色。如果依照訂立的標準來評估後，結果為 C，那麼就給該員工 C 的評價。這就是公司賦予主管的任務之一。當然心中可能會有點遺憾，但只要持續溝通，往往都能朝好的方向改變。

　　依據行為心理學的理論，人類大部分的衝突狀況會經由憤

怒、拒絕、逃避、接納等過程，而隨著時間過去，不滿情緒很可能隨之緩解。有些員工也可能會因為不滿意評估結果而決定離職。不過，反過來說，如果繼續跟表現出這種態度的員工一起共事，對公司或主管來說都是扣分的。

總而言之，績效管理最重要的是從建立目標到交付工作為止，主管都要與員工隨時溝通和檢討，並讓員工能預測結果。

HOW 如何評價因額外工作
耽誤自己分內工作的員工

在組織內，有態度優良的員工，也有態度差勁的員工。態度好的人十之八九都是做很多事的人。但是，當這樣的員工因自己業務外的其他業務要求而無法達成自己原本的目標時，該怎麼處理才恰當呢？

EPISODE

（四個月前）我每週都會跟團隊開會。上週五 CEO 指示了一項業務，其實並不是非我們團隊不可，但因為其他團隊都沒有意願要做，最後只好由我們團隊接手。

我決定要透過團隊會議時間分配工作，但出乎預料的是，大家都在等其他人自願擔下責任。如果由我指派，就是交給下屬 A……（他完全不看我一眼）。沒想到是下屬 B 說他來負責。

B 小心翼翼地說：「考量到公司職務和相關經驗，我覺得應該要由我來負責經理指示的事情。」

（可是，A 明明工作量較少，卻都不想幫忙……）

「這樣啊……但你負責的業務不會太多嗎？沒有問題嗎？」

「是的，所以我希望能重新調整我目前一部分的工作。」

「那當然！有沒有人願意接下 B 一部分的工作呢？」

嗯……都沒有人願意。（團隊內竟然這麼不積極，我本來想要大力犒賞解決這次案子的人……）

（持續沉默）「那就沒辦法了，只能都由你負責了。如果需要什麼幫助或支援，請跟我說……」

（四個月後）交代業務時，應該要清楚地考慮員工的工作量再分配，但我想得太少了。下屬 A 的個性和表現讓我感到失望，但我期待團隊內形成積極的文化，所以立場上很為難。

在評估員工表現時我基本上最先考慮態度，但態度最好的下屬 B 最終卻沒有達成個人目標，我一方面想要袒護他，但一方面還是在意其他人的感受。

🔊 這種時候請這麼做

對於自己的評估保持自信和公正是很重要的。原則上必須遵守跟員工約定的評估標準，才能讓員工們信服，所以即便某員工沒有達成目標，也必須依據事實做評等。不過，看到他努力營造出積極、良好的組織氣氛，以主管的角度來說，當然一定會想要彌補，如果是這樣的話，讓員工之間彼此評分來考慮該員工的評估結果（宣布誰是影響團隊業績最多的人時），也是一個方法。

但在上述案例中這並非可取的方向，因為主管在分配 CEO 指示的業務時沒有想到這一步，所以沒轍了。績效評估特別強調「公正」。這是帶領組織時該具備的基本心態。

基本上，主管在進行績效管理時必須在自己所訂的公正原則內不偏袒任何人。如果遇到額外的業務時要清楚地分配，也要把該項業務包含在績效項目內，且過程必須正式公開。

以下為能透過員工的參與來提升績效評估合理性的方法。

1. 以內部網絡空間或辦公室作為公開宣布的場合

2. 進行業績分享研討會（每個人都只有五分鐘，此時並非交付
業務或進行評估）

（1）分享目標與業績（以三種難易度為基礎來填寫自我評
估報告）

（2）分享成功案例、失敗案例

（3）自述失敗的原因

3. 業績分享時間結束後進行個人面談

（1）不會虛報自己的業績（若先自我評估就很難說謊）

（2）認清自己的等級

（3）有機會跟同事學習

（4）能公開透明地宣布組織的資訊

（5）若需要推薦優秀績效者，能以較公正的方式推薦

公布業績

分享案例

自述掌握到的原因
及需改善的部分

目的是讓每個人體認
現實、改善做法並接
收回饋。

公布排名可能會令人
不悅，但若要讓他們
清楚體現現實，這是
沒有問題的。

HOW 如何建構與評估難以量化的質化指標

　　有時會因為不同部門、不同的業務特性而遇到許多難以量化績效的狀況。這種時候該如何公正地評估績效？還是說就算很勉強，也要將所有的業務量化呢？

> **EPISODE**
>
> 公司每年都會在年初舉行關於建立個別目標的會議。通常會透過團隊會議，由主管宣布個別目標內容並給予回饋，但員工共通的最大困難就是將所有的業務量化。

　　「我的工作很難量化！公司說一律都要量化成 KPI 指標，但我們部門許多的業務根本無法量化啊！」

　　「沒辦法啊～身為經理我也能理解，實際上質化指標很難公正評估。所以不管怎麼說，我們一起思考如何將品質結果打造到大家都能認同的水準，想必就不會有人說什麼。而且再怎麼說，這是公司訂的原則，我們試試看吧！大家先舉例說說看哪些業務難以量化吧？」

　　雖然經理在主持會議時這麼說了，但經理也很煩惱到底該如何量化，因為這會成為之後評估績效時的大問題。如果所有的工作都能量化，評估應該真的會變得很簡單。去年也有員工抱怨主管對於品質的評估跟他想的不一樣。績效評估本來就是經理的權利，所以去年勉強說服該名員工直接接受了，但今年如果還是這樣，想必會引起抗議聲浪吧！

有句話說「一切都能用數字計算」，也有句話說「無法衡量就無法管理」。意思就是，這世界上發生的所有問題都能轉化成數值。職場的績效評估也是如此，我們已經習慣「指標就是數值」，所以使用質化指標時便會感到負擔。那麼該怎麼做呢？

在設定目標或衡量結果時，重要的不是量化，而是透過持續溝通來讓雙方「接受」。當然量化指標會比較容易讓人接受，這是事實。但量化不能代表全部。

質化指標雖然難以測量，但它也是一種用來衡量重要大事的工具。難以量化的業務，就使用「優秀、尚可、差、相當差」等表達期待的質化指標吧。

若以取得駕照當作舉例。要達到此目標，一般會經過報名駕訓班、筆試、路考等過程。考駕照的 KPI（關鍵績效指標）並非報名，在十二個月內考過兩個考試、取得駕照才算 KPI。

目的（What） 期限（When） （取得駕照） （12 個月） 業務活動	到達水準（Level） （兩個考試） 期待效果

與員工面談時，主管也不要先下指示，一定要讓員工先提出自己的看法，再協商到彼此期待的水準。

我再舉例說明量化指標的意思。量化是將狀況具體化、數值化的過程。大多數的員工經常誤以為要達成的業務課題就是KPI。從下方圖例來看，左側是課題、非 KPI，右側才是左側課題的最終結果，也就是 KPI。訂定 KPI 時，可請員工先思考，再跟主管協商結果，這樣才能達成更合理的指標。

·加強新進員工教育計畫 ·實施新進員工指導計畫 ·改善錄取流程 ·招募第一線管理階層並實施教育	·新進員工離職率 20% ➡ 降低至 15% ·新進員工教育課程滿意度 70% ➡ 提升至 80% ·錄取流程平均兩個月 ➡ 縮短至一個半月 ·人資離職率 20% ➡ 降低至 10%

HOW 如何根據職等、工作難易度設定評估標準

　　組織中有些業務特性需要分組作業。不過，如果是兩個經驗和知識水準不同的人一起創造出同樣的結果，那麼給一樣的評分合理嗎？不論是群體業務還是個人業務，評估績效時不用考慮職等差異嗎？以下就讓我們來看看。

EPISODE

T 團隊的成員有：一位幹部（經理）、三位資深員工和兩位基層員工。其中吳主任主動向經理要求面談。

　　「經理，關於這次 HR 案的追蹤評估結果，我有些疑問。」

　　「請說，有什麼需要幫忙的嗎？」

　　「在執行業務時，我跟林課長一起合作，我真的很努力，也創造出績效，但他的績效評估結果似乎跟我不一樣。雖然我的職位比較低，可是我付出的努力並不輸他……」

　　（什麼啊？又要講評估。我還以為他可以接受評估結果……）

　　「咦？這是我經過判斷後下的決定，現在你是要來計較嗎？而且這個結果也已經宣布出去了。」

　　「我不是要計較，只是很想知道評分的依據。我覺得以常識來說，我們是一起共事的，而我的職位比較低，不是應該要拿到更高分嗎？雖然現在講已經晚了，但我覺得還是有需要了解您的評估標準，這樣工作才會更有效率，所以今天才會來找您談。希望您不要覺得我沒有禮貌。」

其實吳主任說的也有道理。他努力完成案子而獲得了績效，評分卻低於職等更高的同事。可是從經理的觀點來看，這次案子雖然是兩個人合作完成的，但更歸功於林課長的領導有方。結果因為沒有事前清楚講明評估的標準或制度，單以個人的想法來評估，而引發吳主任的不滿。

🔊 這種時候請這麼做

遇到像這樣的情況時，**請先依照職別考慮加權**。這攸關公正。公正是指，覺得自己與他人是平等的，也就是沒有差別待遇。這也是員工能不能接受評估結果的重要因素。

因為人都會比較。「人是群居動物」，這句話說明人是以關係互相連結的，換句話說，會跟他人比較是必然的。當員工像吳主任這樣覺得自己明明很努力，功勞卻總是歸給前輩，不禁會覺得：「這個組織沒有未來……努力工作反而很吃虧」（當這種員工無法接受結果時，極有可能會離職）。

其實資深員工從事較難的任務是理所當然的。大多情況下，基層員工在創新的課題中頂多只會貢獻十分之一。為了避免類似案例中被質疑評估不公的情況，建議往後建立目標時，都要事先公布考慮職等及業務難易度後的加權標準。

| 實際範例：依職等加權後評估的結果 |

業務種類	基層員工		資深員工		幹部	
難易度	達成率	加權	達成率	加權	達成率	加權
A	60	×2.5	70	×2.0	80	×1.5
B	80	×2.0	80	×1.5	80	×1.0
C	90	×1.0	100	×0.8	110	×0.7
總分	230	400	250	340	270	277

如果依照上表這樣提出不同的加權值，就會依照業務難易度而導出不同結果。主管應該在事先對員工公開這些基準（加權值可視當事人狀況調整）。

HOW 如何處理
要求調整 MBO 的員工

　　有些員工會經常性地突然要求更改個人業務，或是要求調整之前已充分討論過的 MBO（個人目標管理）。這種員工的要求應該要接受到什麼程度呢？

▋ EPISODE
今天要與崔主任進行期中檢討 MBO 的會議。在確認他執行業務的進度與議題時，崔主任突然要求調整工作……

　　「經理！就像我剛剛說明的，我希望您能幫我調整一部分的工作量，好讓我能如期完成我被交付的工作。」

　　（個人目標反映了團隊年度表現，而且是與員工協商後決定的，但事到如今才突然要我調整，是要我怎麼辦？還是先聽聽看他怎麼說好了……）

　　「崔主任，請先說說看為何需要調整工作？」

　　「是，年初在建立目標的時候，我自認能充分做完所有交辦的工作……（他還說交辦的工作太多，目標整個都設錯了……以下省略）所以，為了能及時完成現在還在進行中的工作，我希望能把○○業務交給其他人。」

　　（我覺得你當初在執行時如果有訂好計畫，現在就能順利完成，不會這麼趕，但你怎麼會沒想到要改變做事方式，反而只覺得目標有問題？）

　　「那麼為什麼沒有在進行的過程中提早說出來呢？你覺得現在誰能負責你的工作呢？」

「這是因為⋯⋯（他不覺自己有錯，而是中間變數太多⋯⋯以下省略）而且我覺得何主任的○○業務快結束了，應該很適合交給他。」

（我很清楚何主任為了完成○○案子付出多大的努力。他努力趕在期限內完成，現在卻要做更多事，這樣合理嗎？但從目前情況看來，如果不調整工作，應該很難達到團隊目標，我沒辦法不管，可是如果因為這樣就突然調整大家協商後建立的目標，又會引發其他員工的不滿，團隊氣氛也會變糟⋯⋯）

我無法理解崔主任自己不按照計畫工作，還找各種理由說是目標有問題。如果過程中提早跟我溝通，早點安排，這件事就一定能解決。我最大的苦惱就是像崔主任這樣的狀況一直反覆發生，三番兩次要求調整工作，再這樣下去，肯定會破壞彼此之間的信任和團隊關係。

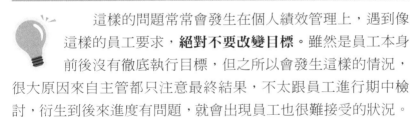

🔊 這種時候請這麼做

這樣的問題常常會發生在個人績效管理上，遇到像這樣的員工要求，**絕對不要改變目標**。雖然是員工本身前後沒有徹底執行目標，但之所以會發生這樣的情況，很大原因來自主管都只注意最終結果，不太跟員工進行期中檢討，衍生到後來進度有問題，就會出現員工也很難接受的狀況。

期中檢討的程序能預防員工因不滿意最終評估而降低了對公司的忠誠度或工作動機。正式的「期中檢討」就是字面上的意思，並不是用來改變目標的特別期間，是用來確認並檢視是否順利達成年初設定的目標的時間。

比一般基層員工相對更了解績效評估的人（如主任、課長等級），特別容易提出改變目標的要求。但是，如果輕易改變年初設定的目標，設定目標這類的重要程序就無法體制化。

雖然有時候還是不得不修改目標，但對於處理此事的態度必須相當嚴謹。當環境改變（事業結束或是中斷等）造成年初建立的目標不再有意義時，就需要發掘新課題或是修改目標，讓大家專注在既有的事情上。但若不是這類的情況，修改目標時就必須慎重。

除了公司制定的期中檢討之外，若能一個月舉辦一次以上的檢視目標進度的會議，會更有幫助。會議的意義是時常觀察（做好監控），紀錄也要「忠於對話」。

也可以另外設計「溝通筆記」，將日程、內容、議題、支援項目等記錄下來，這對之後的最終評分會很有幫助。而且也能讓員工相信「我們的主管會持續關心我們」，這將是你成為值得尊敬的領導者的第一步。

HOW 如何處理主管與員工
對評估看法不一致的情況

　　績效評估對任何一個主管來說都很有負擔。尤其當有人反應「實際的評估結果跟員工的期待落差太大」時，更是為難。現在我們來看看有效的對應方法。

┃EPISODE

身為主管最大的困擾就是進行績效評估（決定優劣排序）與表達評估結果，尤其給不滿意評估結果的員工建議時真的會很困擾。根據相關研究顯示，相較於沒有讓員工發表意見，讓員工對評估發表意見會讓上司的領導力好感度提升兩成以上。因此建議主管們，就算內心萬般不願意，也一定要跟員工面談聽聽他對評估的意見。

　　這麼說來，該怎麼跟得到不好的評估結果、或不滿意評估結果的員工面談呢？評估結果是相對性的，拿到 A 的員工大部分都沒有問題，有問題的往往是自己期待拿到 A 或 B，實際上卻拿到 C 或 D 的員工。面對這種情況，不可能想都沒想、直接面談就能解決，主管如果沒有在事前做足準備，反而只會加劇衝突。

　　莊主任期待自己的評估結果是 B 以上，他對經理說：

　　「經理，我達到了 MBO，也積極地努力營造組織氣氛，但我卻只拿到 C。我無法理解，該怎麼做才能拿到更高的評分？我知道評估權在您身上，但坦白來說，我實在很難接受。」

（嗯，搞什麼啊……在我看來，雖然是達到目標，但不論是積極度還是以身作則方面都很有問題，所以才會拿到這種評分啊……怎麼會說很難理解？）

「這樣嗎？是哪個部分這麼難理解？」

經理心想：你明明可以獲得更好的績效，也可以表現得更有熱忱，但以你現在的狀況拿到 C 就差不多了。如果想拿到 A 或 B，目標達成率要超過 110%，你又還不到那種程度。

而且，經理最擔心的就是，跟莊主任面談、討論評估結果時，他究竟能不能接受。

📢 這種時候請這麼做

 討論評估結果的面談關鍵就是「時機」。主管跟員工對於評估的認知當然會有差異。評估者與被評估者，也就是主管和員工，兩者所看的角度絕對不可能一樣。

在相對評估之下，主管無論如何都要決定順位，所以無法期待所有員工都能心滿意足地接受評估結果。尤其員工間的差距越大，這種煩惱就會越大。

在沒有計畫之下直接進行面談，絕對無法解決問題，反而很有可能引發衝突。時機是很重要的。建議在最終評估的一個月前，事先告知評估結果很差的員工，讓他理解到某種程度、做好心理準備。

經理　「莊主任，……你覺得這次 MBO 的評等會如何呢？」
主任　「咦？」

經理 「以績效的層面來看，這次的評等你比其他員工更差，所以我有點擔心。」

如果先這樣告知，大部分的員工會先受到衝擊，然後立刻轉為憤怒。

主任 「什麼？您說的是什麼意思？怎麼會是我？」（我對經理也不差……為什麼這樣對我？）

人在憤怒時，往往不會認同自己的錯誤，而是怪罪制度或主管的領導能力。

這種時候就算跟他協商、給他建議也沒用，最好的方法就是耐心等待（請等七到十天左右）。之後當他接受了，終究會明白跟主管對抗對自己沒有好處，所以會開始思考自己缺乏的部分，也會假裝沒事地繼續工作。因為只要他沒有辭職，就不可能不考慮跟主管的關係。這時就是面談的最佳時機，只要在這時候進行回饋就行了。當然主管還是要帶著同理心，也要明確地傳達自己對他的期待。

Part 5

我是
「帶領團隊合作」
的主管

HOW 如何解決因 KPI 不同 導致合作不順的情況

　　營業處的 KPI（關鍵績效指標）在於銷售量與銷售總額，而財務處的 KPI 則是公司整體的損益。而現在因為營業處和財務處之間的 KPI 不同，以致報價問題遲遲無法解決。這種時候該如何讓兩方能順利合作呢？

| EPISODE
根據 A 公司規定，營業處對外銷售的產品，報價一律得先與財務處協商。

　　「財務經理，這次的專案一定要賣出去，不過這次的勝負關鍵也在於報價。請下判斷……」
　　「這次也要有策略性報價？」

　　財務經理回想起之前的案子。那時營業經理也是說報價要有策略，所以希望財務經理同意較低的報價。雖然在營業處的堅持之下無可奈何地妥協了，結果卻造成公司很大的損失。

　　然而，後來營業處因達成 KPI 目標，獲得了績效獎。這使得財務經理相當懷疑「策略地決定報價」這句話。於是，這次財務經理別說是協商了，根本不想研究相關資料，只回一句話：

　　「你說的策略是指對公司有損失吧？你們算出的這份報價，我實在無法妥協。請跟財務長或執行長申請特別許可。」然後連再見都沒說就從位置上起身走了。

在組織內無法合作的原因有很多。**很常見的是因為各部門的績效指標不同而導致目標不同。**此外，也有可能是獎勵制度有問題。在上述情況中，營業處只達成跟銷售有關的目標就能得到績效獎這件事，可能會讓其他部門覺得有失公允。

不僅如此，**主管群的工作方式也有問題。**營業經理為了獲得績效獎，即使知道會造成公司損失還是堅持低價；而財務經理犯的錯，是以過去的經驗為基礎自行推測，連看都不看就拒絕協商，還把自己該負責的業務推給上司，叫營業經理跟上司申請許可。

想要讓不同部門之間得以合作融洽，首先，**必須改善績效獎勵制度來鼓勵合作。**改善方向如下：

（1）以案計酬的營業處應該要連虧損都一併負責。

（2）績效獎要平均地反應銷售目標與損益目標，也要以盈餘貢獻程度為主來頒獎。

（3）必須重新制定營業處的 KPI。除了銷售量與銷售金額，還要一併均衡考慮顧客回頭率、損益、品質等指標，如此才能追求長期發展。

SONY 在 2003 年曾試圖擊敗 APPLE 推出的 ipod。當時他們計畫讓公司內優秀的個人電腦、攜帶型音樂設備、快閃記憶體、電池、音樂服務（美國與日本的 Sony Music）等部門合作，聯手擊敗 ipod。不過公司內各部門間的競爭激烈到無法控制，

結果原本推出要用來抗衡 ipod 的商品慘澹收場。也就是說，這是因為各部門不同的 KPI 互相衝突，彼此是在競爭，不是合作，所以才發生這種情況。

因此，必須優先改善原本的績效與獎勵制度。不過，在這裡只會先稍微提到改善制度，重點還是要放在主管的態度。主管必須改善執行業務的方式。

這麼說來，該怎麼改善營業經理與財務經理的領導力呢？

首先，營業經理明知自己的決策可能會帶給全公司損失，卻只把目的放在達成部門目標，這是不對的。當然他可能會怪罪是公司的獎勵制度造成的，但領導者的行為必須要對得起良心。一旦計畫進行後，結果很明顯的決策馬上就會被發現。所以不要只顧眼前的利益，應該要站在長期的觀點來判斷。請牢記，面對金錢或升遷等短期獎勵的經濟誘因時，要毫不動搖才能成為真正的領導者。

而財務經理該改善的地方有三點，就是「要提出清楚的證據、不要猜測、不要推卸責任」。以下會更進一步仔細說明。

有個概念叫做「推論階梯（Ladder Of Inference）」。意思就是，階梯爬得越高，推論就會越增加，以致越無法根據事實來判斷。財務經理根據自身過去的經驗，判斷「這次也會是那樣」，所以對於報價內容不聽也不看。

「營業經理又在說謊、自吹自擂」、「這次又會報很低的價格，讓公司損失慘重」、「上次太輕易妥協，這次他理所當然地認為我也會同意」……像這類以不客觀的視角任意判斷就是推論。如果要合作，就要先消除誤會，而大部分的誤會都是

出於推論。所以請先聆聽對方的立場、掌握正確的資訊再根據事實判斷。

軍隊裡有個概念叫做「AAR（After Action Review）」，就是作戰後檢討作戰結果，也就是事後的檢討會議。目的是要分析過往的計畫、提出改善方案，然後以這些為根據，反映在下個計畫中。不過大部分組織的情況是，在裁決過程中同意的人大多都不會認真思考自己同意的項目。

財務經理應該要徹底分析過去的計畫以對照現在的計畫。當然要仔細計算損益，不過卻鮮少有人會深入分析原因。提案內容與結果都必須做好分析，也要提出過去的紀錄佐證再協商。如果有需要，可以要求對方簽署承諾書，防止他再犯。此外，也要提出明確的預算規模等，制定授權範圍。

無法合作的主因往往源自個人主義或部門的利己主義。提出計畫時，不能只想要達成自己的目標，或是只想透過達成目標來賺取一己之利。此外，若想到過去的經驗、不好的回憶並加以推論，就會很難合作。**每次的事件都要當成獨立的個案來研究，也需要以客觀的資料分析再判斷。這才是合作時需具備的心態。**

HOW 如何化解競爭部門間 不願共享資訊的難處

　　同一間公司內的不同部門變成競爭者，這樣的情況也時有所聞。在這種相互較勁的氣氛下，部門之間就不太願意共享資訊。雖然達成自己團隊的目標很重要，但以公司整體的利益來看，這種行為非常不可取。如果真的遇上時，該怎麼讓別的部門幫助自己的部門呢？

EPISODE

P 公司致力於成長為跨國企業。不過目前的員工都缺乏海外貿易經驗，也缺乏外語能力等在國際市場上需要的能力。所以執行長特別指示人資處處長培養跨國人才。

　　為了這項計畫，人資處長請人資經理和教育經理過來一同商討。因為這課題必須由兩個團隊合作提出解決方案。處長雖然相信兩位經理能順利合作，但還是希望責任分工明確，於是決定由教育經理主導此計畫。

　　教育經理接到業務後開始煩惱：究竟跨國人才是指什麼樣的人？要怎麼栽培在國際市場上需要的能力？我們一直以來都在推動各種多樣化的教育活動，還可以再做什麼呢？……他腦中浮現各種想法。雖然擔任教育負責人已有二十年的經驗，但他還是決定去找人資經理談談，因為他相信「選出好人才就是首要任務」。

　　「經理，請問您那裡有跨國人才名單嗎？」

人資經理突然聽到「跨國人才名單」，沒頭沒尾，嚇了一跳，但還是保持冷靜，反問教育經理：

「上次教育團隊說要進行基礎能力培訓，您不是有那時候分析的資料嗎？」

教育經理希望人資經理可以分享公司正在管理的核心人才庫。但人資經理卻說核心人才名單是機密資料，絕對不能提供，還說：

「經營國際貿易部門的全員名單都會提供，你只要從中選出相關業務人才再進行教育，不就行了嗎？」

教育經理不知所措，感覺這次合作無望了。

📢 這種時候請這麼做

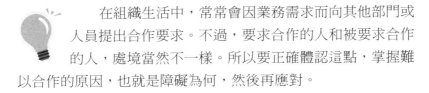 在組織生活中，常常會因業務需求而向其他部門或人員提出合作要求。不過，要求合作的人和被要求合作的人，處境當然不一樣。所以要正確體認這點，掌握難以合作的原因，也就是障礙為何，然後再應對。

在合作當中，雖然「自己幫助別的部門」也很重要，但重點在於了解如何「讓別的部門幫助自己」。在組織中的人本來就各自有各自的業務要做，所以時間上或物理上都可能不方便。因為每個人都忙到沒有空檔，所以當許多部門必須一起合作或是其他部門提出要求時，自然就無法保持積極的心態。

發生這種情況時建議從以下幾點入手。首先，**教育經理要找出人資經理不配合的原因，再思考該如何因應**。教育經理先想想看自己是否曾經在支援人資時疏忽業務，以致人資經理不願意合作。

難以合作的障礙通常分為四種：NIH（Not-Invented-Here，非我所創）障礙、獨占障礙、查詢障礙、移轉障礙。

（1）NIH 障礙：不想尋求其他人意見，也就是封閉、只想仰賴自己部門或自己的傾向。

（2）獨占障礙：在升遷或獎勵方面彼此互相競爭，所以想要獨占資訊、不想合作。

（3）查詢障礙：此障礙會造成資訊的不對稱性。也就是說，因物理距離或空間問題，導致難以獲取資訊。

（4）移轉障礙：雖然想分享資訊，但接收者水準不夠，無法接受知識或技術。

在上述的案例中，可診斷出人資經理陷入獨占障礙。因為對方並非不了解內容，也不是因為物理距離遙遠而無法合作，也看不出對方很封閉。不過，可以斷定兩人在公司內部處於升遷等競爭關係，所以不想合作。

該怎麼處理這種狀況呢？必須找出方法拆除合作障礙。

人資經理可能有想升遷或是想被認同的慾望，尤其他也想積極參與執行長關心的課題，但如果他覺得這個機會被教育經理拿走了，他合作的態度就會變得很消極。因此建議教育經理找人資經理一起開企劃會議，之後以一同提交的形式向處長和

執行長報告。如此一來，人資經理也能被認同其貢獻。

　　人資處長的態度也有很多要調整的。面對重疊的業務時，應該要更積極，在指示業務的灰色地帶（Gray Zone，業務分配不明確的重疊領域）時就要知道該注意的地方。上位領導者對待這種業務的態度將會是非常重要的合作解方。上位領導者要清楚地制定業務範圍與責任，並下放權力，也要常常透過會議確認進程、合作事項，並給予必要的支援。

　　在前面看到的狀況中，人資處長在交付工作給教育經理時就應該確認並指示什麼部分需要合作，也要親自確認需要合作的項目，並請求相關部門合作，這些支援是很重要的。經理對於自己部門既有的業務內容當然有權限執行，但處理灰色地帶的業務時，需要由上位領導者來統管雙方的業務。

　　另一方面，人資經理處理共同業務的態度也要改變。人資經理應該站在上位領導者的觀點來做事。也就是說，不論是人資團隊的業務還是教育團隊的業務都要當成是人資處長的業務來積極合作。不應該像這樣推卸，而是要幫助教育經理。尤其因為兩位是「升遷的競爭對手」，只要是明眼人都能看出兩個人競爭的關係，所以這時先幫忙的人反而會得到更好的風評。

　　由於這是執行長特別關心的課題，所以更需要協力合作，兩位經理無法合作的態度終究會帶給自己以及人資處長三方最壞的結果。

如何應對依公司規定
而拒絕合作的同事

HOW

公司規模成長到某個程度後，規定也會越來越多。有些事情雖然以公司的立場或是預防問題的立場來看是必要的，不過，當部門的利益發生衝突或個人之間發生衝突時，規定就會突然變成武器。因為其他部門的文書保密規定而不能共享資料時，到底該怎麼合作呢？

▎EPISODE

營業處林專員收到客戶緊急要求提案後非常煩惱。他想在介紹公司商品時呈現出優良的品質。他知道產品的優點，所以想在設計過程中就突顯優點，不過時間不足以準備提案。後來他想到一個點子，就是在產品設計圖中標示技術上的有利要素，所以他去拜託產品設計負責人提供設計圖。

「許專員，我正在急忙準備提案，我想利用產品設計圖標示品質優良的地方，你可以給我設計圖的檔案嗎？」林專員知道公司的規定很嚴格，但他覺得這是為了公司好，所以滿懷期待地提議。

不過，許專員立刻回覆：「你也知道公司內部的規定，還在設計的圖片很難對外公開。」林專員聽了有點驚訝，但還是著急地再次確認。

「又不是給外部。是我們員工之間為了銷售而使用的，這樣也算是違反資料安全規定嗎？」

「是啊！就算我也覺得給你看不會造成什麼大問題，但規

定就是這麼嚴格。」

「那你有沒有其他的替代方案？」

「資料安全規定是沒有例外的。不久前，資安監事才處罰我們團隊上的其他人，他還寫了悔過書。所以現在我應該也無法把檔案傳給你，我也很為難。」

「為什麼會有這種規定？我們終究都是為公司著想啊？」

「我也是這樣想的，但跟負責資安的人說不通啊！要不然我打開檔案，讓你看畫面好了。」

「好啊！那我就立刻畫出來。」

林專員於是進入設計室看著電腦畫面，大略地描繪出跟原圖非常類似的圖。設計處長看到這場景後，命令許專員把資料轉成 PDF 檔寄給林專員。雖然收到了 PDF 檔，但因為沒有拿到原始圖片，他還是得回到座位上製作 PPT，按照一開始的構想熬夜畫出包含核心技術的內容。還好結果不錯，也成功銷售。

不過，他一想到自己浪費時間畫圖就很生氣。他覺得照理來說許專員應該可以給他檔案，讓他向客戶概略地說明產品。許專員一開始就擺出不願意合作的態度，實在太過分了。但仔細一想，應該是因為規定不合理。他思考今後該怎麼面對妨礙內部員工間業務合作的規定，也決定告訴許專員成功銷售的消息。

這種時候請這麼做

有時候合作遇到困難，不僅是人際關係的問題，也可能是環境因素造成的。遇到這種情況，首先要分析原因為何。**請區別是人的問題還是環境的問題，應對方法也會因此改變。**

如果其他部門的同事不願意合作，那麼就要分析與那人過去的經驗（Experience）以及現在所處的狀況（Situation）。如果之前有過合作不愉快的經驗，通常就會很難再次合作。若是如此，請想想看「之前同事拜託我合作時，我是如何回應的」。如果你發現自己以前也曾拒絕協力同事，那麼就要真心道歉再提出合作邀請。

　　接下來，要思考看看你要求的業務對對方而言有何種意義。如果經過判斷後認為，對方幫助你之後，對他並沒有任何的益處或成就感，就更要好好感謝，並在他時間特別有空時提出合作邀請。此外，也要隨時觀察狀況。如果你因為怕別人感到厭煩，在提出合作邀請後就只是乾等，然後到頭來還怪罪對方不幫忙。這樣的態度其實會讓人認為是提出邀請的人沒有誠意。

　　最後，如果是因為公司規定等環境因素導致合作困難，那麼可以選擇以下的做法。

　　內部規定常常會跟效率起衝突。有些規定雖然明知沒有效率但還是需要遵守。舉例來說，有時基於資料保護目的而設下的安全規則，拿到銷售觀點上來看，就會產生衝突。公司必須修改這種情況下的處理程序，或是明列出具體的例外條款，才有助於提升內部營運效率及事業發展。

　　而建立制度後，若使用者沒有提出不合理的事項，大家就會一直以為制度是沒有問題的。但明知不合理、沒效率卻不說，只會妨礙公司成長。因此針對發現的問題應該提出建議。不過，提議時不能只是為了圖個人的方便，而是要找出能幫助公司的方案，並且持續要求改善。

如何要求其他部門
如期交出雙方滿意的業務

公司內部之間也會形成某種權力關係。不同部門合作時，權力大者很可能頤指氣使，引發另一方的不滿，畢竟不是所有人都願意屈就、認同不合理的情況。這麼說來，跟公司內權力大或權力小的部門合作時，該注意哪些事情呢？我們來看看有效合作的對策。

EPISODE

南韓各企業自〈產業安全保健法〉[7] 進行修法之後，為了強化公司內部安全規定與因應環境議題，老闆的業務量都增加了。此外，企業中的「環境安全組」也會要求相關部門，加強調查現場的環境安全狀況並提出對應方案。

「金教授，我們必須按照政府的方針調查加強環境安全後的實際情形。請研究機構實際調查、診斷現有的設備及原料安全等，並於期限內繳交報告。」

金教授想起上次做過的事。

「上次你說要全數調查時，我就已經報告過了耶！」

不過環境安全組負責人卻說這次是不同的內容，金教授便再次確認之前負責人寄來的電子郵件。上次是調查現場狀況後

7　南韓於 1981 年制定的法律，主要目的在於訂定產業安全和保健的標準，以預防職災的發生、確定相關責任歸屬，創造出一個勞工可安心、舒適工作的環境。相當於台灣的〈職業安全衛生法〉。

撰寫環境安全實況調查報告，這表示這次跟那次的報告內容分明是一樣的。上次的內容已經整理成簡報檔，內部也妥善管理，但這次是要重新寫成 Word 檔。雖然只要參考之前的資料就不會有太大的問題，不過，因為是費時的文書作業，所以他有點擔心會趕不上時程。

但是，他不想聽到別人耳語「研究機構很晚才交」，所以還是熬夜做完，趕在期限內交了。隔天環境安全組收到資料後回覆說有幾個小問題，可是那些其實是他們可以自行修改的。金教授一氣之下就打電話給環境安全組的負責人說：

「我覺得只要您那邊自行改幾個字就行了，您還要我修改後再寄過去？您又不是不知道內容。如果連這個都要我做，那麼環境安全組要做什麼？」

「我們環境安全組不久前才有人離職，所以現在能工作的沒幾個。而且您也知道最近大家都不想做環境安全的工作。我也不願意這樣，但我們這邊人手不足，大家都快累死了。還是請您重寫之後再寄過來。」

📢 這種時候請這麼做

在公司裡常常會發生這種事。把事情仔細處理後回覆是理所當然的，但枝微末節的東西就算自行修改也無妨吧！想必大家都是這樣想的。而且若對方提出要求時，是以強勢的姿態說「這些都是遵照相關法規做的、是政府的方針、會違反監察規定、是老闆的指示」等等，在心情上就會更不舒坦。

至於提出業務要求的這一方，當然是希望合作可以順利，讓工作輕鬆完成。我們就來看看向別人提出業務要求時該注意哪些方面。

　　首先，提出業務要求時最有效的方式是當面說明。就算是透過電子郵件或公文提出要求，建議還是要口頭上再次說明核心內容。最有效的方式是簡短通話，如果更有空可以一對一見面溝通。提出業務要求時請避免使用「○○長官的特別指示」等倚仗上司或有權者的勢力的表達方式。寫電子郵件時也要考慮這點。

　　接下來請思考看看被要求業務者需要知道的內容有哪些。請事先準備好預料中的問題或議題並說明。之後，請具體地告知所要求結果的大致輪廓。尤其，若能舉例說明產物（結果）更好。也要盡可能提供值得參考的資料，如既有資料，或是推薦專家等有助於作業的資訊。

　　然後要告知具體的業務範圍及截止日。但也要為對方著想，讓對方能充分準備。如果負責人在接到要求後沒有足夠的作業時間，就要盡快通報狀況、進行調整。之後必須留意提早告知並提出具體要求，讓對方有辦法準備緊急業務。也就是說，最不好的情況就是要求業務的負責人把時間花在忙著準備要求文件以及內部批示，反而沒有確保真正重要的執行者有沒有足夠的作業時間。

　　如果是許多人要一起共事，那麼撰寫文件時就要提供明確的指引。不用準備太多，只要準備格式，再填入需要的內容即可。如果只是需要格式，建議交由統整的部門彙整。

指示業務的一方務必要清楚理解業務內容再提出合作需求，請記住，提出的內容要夠明確，回饋的水準也才能達到滿意的程度。要求其他部門合作時可依循下列順序進行。

| 要求合作時利用 ARCS 的四大原則 |

A Attention	引起對方對要求業務的關心與好奇 ：強調工作脈絡、進行背景與重要性
R Relevance	讓對方知道他是適合擔任該業務者 ：說明業務的連貫性（過去／未來）與專業性
C Confidence	提出能支援該業務之事項 ：考慮合作內容後盡可能調整至符合現實
S Satisfaction	強調工作結束後能獲取的成果 ：業務內／業務外的獎勵及成就感等

※ 出處：《DBR 東亞商業評論》

HOW 如何處理明明一起合作
卻只有一方被肯定的情況

　　行銷經理和企劃經理接到企劃處長的指令，要合作撰寫明年事業方向的報告。不過，明明是一起製作報告，最後卻只有報告者被稱讚。這種時候該怎麼努力讓自己的績效被肯定？

▍EPISODE

　　行銷經理和企劃經理正在為明年事業方向做準備，他們分別對各自的領域提出意見來完成報告。在接近報告日的某天，企劃處長叫他們兩人過去並說：「這次要報告給執行長的事情很多，事業方向就由一人統整後報告。請企劃經理負責。」

　　一開始兩人是一起作業，也說好要依各自的領域報告，企劃處長卻突然說希望由企劃經理一人報告。行銷經理無法認同沒有事前協調就直接指派的行為，便再次確認：「由誰報告是跟行銷處長協調過的嗎？他知道嗎？」

　　企劃處長是行銷處長的前輩，他說：「那件事我會跟行銷處長講。希望行銷經理能諒解，幫忙準備報告資料。」

　　行銷經理對這項臨時的決定感到不知所措，心裡也有些不甘願，於是從那時起就變得不積極，最後對企劃經理說：「行銷部分的內容已經差不多完成了。之後你以報告者的觀點來做結尾應該就可以了。」然後把完成的資料交給他。

　　終於到了報告當天，企劃經理向執行長報告後，執行長稱讚說準備得很好。

「企劃經理果然抓對方向了。連行銷策略都很完美。辛苦了。」執行長說完後，企劃經理連一句話都沒有提到行銷經理的貢獻。看到企劃經理和企劃處長站在一起接受稱讚，行銷經理心裡很不是滋味。

這種時候請這麼做

在職場生活中常常發生突如其來的意外狀況。該用什麼方式應對像案例的情況才能激勵下次的合作呢？在組織內的合作絕對不會只有一次。**如果想激勵下次的合作，就要持續製造出好的合作體驗（Experience）。而上司的行為往往就是決定體驗是好是壞的關鍵。**

所以，上司的領導能力有時是促進合作的要素，有時卻是妨礙合作的要素。上司在下決策前必須聽取部門職員的意見，或起碼需要有個形式。相較於內容，程序和形式更會傷害或增進人的感情。就算是以合理的證據為基礎來決策，也要以為對方著想、尊重的心態事先協調，並且經過充分聆聽對方意見的程序，這才是能夠合作的重要關鍵。

在上述案例中，企劃處長的言語和行為讓原本願意配合的行銷經理失去了動力。當然在這種情況下，行銷經理應該要立刻告知行銷處長，也要清楚地表明報告者是企劃處長單方面決定的。因為報告一旦出錯，將會演變成雙方之間只留下衝突或誤會的局面。就算是企劃經理報告，行銷經理也對行銷相關領域的內容有責任，也要回答問題，所以就算沒有負責報告也要展現負責任的態度到最後。

合作時能不能得到對方的幫助可說是平常自己行為的結果。合作的基礎就是從各自盡全力扮演自己的角色、完成各自的工作開始的。

這麼說來，為了達成良好的合作績效，應該怎麼做呢？**為了達成有效的合作，個人的合作心態以及具體的行為會比領導者下達的普遍性指示更重要。**以下提供個人合作指數的診斷方式，請依據各項目的分數去調整自己的態度與行動。

| 合作指數的自我診斷 |

非常符合（5）；符合（3）；完全不符合（1）

項目	分數（1-5）
我會拋下「我一定是對的！」的想法，尊重並考慮對方。	
進行一切的合作時，我都會帶著將能獲取更大績效的信念。	
我會確認多人的各種意見後再做決策。	
其他部門要求合作時，我會積極支援。	
我會把業務分配中，業務重疊領域（Gray Zone）的工作當成自己的事情來處理。	
要求業務合作時，我會清楚說明內容與截止日。	
我能老實地回應業務合作邀請，並在約定的時間內回覆。	
與其他部門合作時，我會積極參與執行。	
我會主動分享合作所需的資訊或相關知識。	
我會持續傾聽其他人的意見，且聽到最後。	
我能同理其他人的意見，不會隨意做出沒有建設性的批判。	

→接續下頁表格

項目	分數（1-5）
我能提出恰當的問題來達到合作與績效。	
遇到誤會與衝突時，我會主動努力立刻解決。	
當我知道某部門需要我擁有的某些資料時，我會積極提供。	

合作指數評估方法

· 共有十四個項目。

· 各項目標準為五分。

· 把全部分數加總後平均，滿分為五分。

· 改善分數較低的項目。

合作指數評估標準

高於 4.5 分：非常高

3.8 ～ 4.5 分：高

3.0 ～ 3.8 分：普通

2.5 ～ 3.0 分：低

低於 2.5 分：非常低

HOW 如何克服團隊內部的 利己主義

　　有人只關心自己組別的績效，對於其他組別完全不在意。團隊內各組別明明要通力合作，卻有人硬是不分享資訊或不聽從上層指示。出現這種穀倉效應（Silo Effect）時，究竟主管該怎麼應對才能發揮跨組別的綜效？

▍EPISODE

A 團隊內有三個組別。雖然業務內容相似，但各自的工作都不一樣。公司已經決定且宣布了團隊展望及使命，大家也都認知員工間的信賴、同理和合作是締造出好績效的基本，雖然各組員工還算和睦，團隊整體卻仍不夠和諧。當中有幾個人試圖努力改善但結果不佳。依照組別分配各項任務時，大家在經理面前都表示願意合作，但在經理背後往往都是各做各的。上週就發生了一件事。

　　經理指示第一組組長某項工作時，要求他和其他兩組組長一起合作完成，但之後聽第一組組長報告時發現，他只是口頭上大致通知另外兩位組長，報告的內容都是自己的決策。於是經理叫來另外兩組的組長，問他們這內容是不是他們一起討論的，他們說沒有討論過。

　　「為什麼你沒有按照我的指示，而是用你自己的想法判斷後去做？」

　　「經理，我是資深組長，我覺得這種程度屬於我的權限。難道我所有的事情都要跟其他兩位組長說嗎？我覺得在我的範

圍內就可以充分做好。」

「在組織當中有時候需要發揮團隊合作的力量。雖然你可以一個人處理，但重點是要公開內容，並詢問其他組別能不能合作。況且我已經具體地指示了，你卻沒遵守。以團隊合作的觀點來說，這點讓我最不開心。」

「對不起。下次我會按照您說的去做。」

之後經理跟另外兩位組長談話，他們也說自己因為第一組組長的做法而不太開心。明明跟自己的組員都相處融洽，也能好好發揮領導能力，但是對於其他組卻都漠不關心。

📢 這種時候請這麼做

關於上述案例的解決方案，建議可採以下方式逐步處理。第一、單獨找第一組組長溝通。面談時要為對方著想，不要傷害他的自尊。要告訴他，他認為可以獨自做到就不跟別人協調這點將會影響到團隊間的合作。

第二、要在全體會議上公布，將會重新調整小組的評分項目。雖然小組的績效很重要，但往後跨組別的合作案將會開始納入 KPI，作為績效評估。

第三、要在每月例會上分享跨組別的具體合作案例。如果有好的案例，就要給予獎勵，至於沒有合作案的組別，也要給予激勵，讓他們往後能順利合作。

第四、要讓大家知道，不是只有個人的績效或小組的績效重要。要給予回饋並持續激勵組長和組員，讓他們能透過跨組別的合作鞏固團隊關係，並打造出能創造更大績效的系統。

對於那種忽略上司指示的內容、按照自己的想法做決定的員工，也需要給予清楚且具體的回饋。因為他並不是單純地要挑戰上司，而是「認為自己是對的」信念太強，才會做出這種行為。如果把這種狀況當成小事忽略，往後遇到重要的決策時，就可能會面臨更大的危機。

　　這樣的人只在乎自己小組的績效，對於別組完全不關心，在必須合作的狀況中也故意不分享資訊。這可稱為「穀倉效應」。穀倉是儲存穀物及飼料的煙筒型倉庫。這種情況就好比彼此築起像穀倉一樣高的城牆，排斥跟其他部門合作，只追求自己小組的利益。當這種穀倉效應加劇時，公司就會形成許多小圈圈，跨部門的合作會因各種藉口而變得困難。

　　換句話說，這是一種只執著於自己小組立場的利己主義。組長可能會認為自己的小組有能力獨立完成所有的事，所以不用跟其他小組合作也能創造績效。長久下來，可能嚴重妨礙組織的合作，終究會帶給全體不良的結果。

　　發生這種情況時，領導者的權威與信賴也可能崩塌，也會對其他組員帶來負面的影響，成為團隊合作的大破口。不要單純地認為這只是一次的失誤，請務必要求下屬清楚地執行指示的項目，如果狀況不允許，就一定要給予回饋，然後指示其他內容。

　　所以評估組長個人表現時，也要將跨組合作情形放入評估項目內。這樣就能在一定程度上阻擋穀倉效應。評估團隊績效時，建議放入跨組合作件數與合作百分比等具體指數。當組長報告合作案例時給予獎勵，也是一個好方法。

Part 6

我是
「權責分配合理」
的主管

HOW 如何運用授權
讓員工更主動有效的工作

　　對張經理而言，年輕的 MZ 世代似乎是一道高牆。因為以經理的立場來說，應該要鼓勵同事間相互合作，但他們就好像從外太空來的人種一樣非常難理解。就算支援部分業務或是部分授權，還是無法從他們那裡得到好的回饋。該怎麼運用授權讓他們工作更有效率又能獲得成就感呢？

| EPISODE

　　A 公司今年已經邁入第三十七個年頭。在像現在這樣變化無常的時代中，他們擁有悠久的歷史，組織的規模大、部門多，員工人數也很多。不過，組織文化就像官僚體系一樣，某些部門文化甚至像軍隊一樣，必須絕對服從長官的命令。

　　有段時間因為營運不佳而無法增添人力，但是從幾年前又開始重新聘僱新員工。沒過多久，就像大家所知的，MZ 世代加入後，漸漸成了大多數的基層員工。

　　然而，張經理對於必須帶領這群文化差距跟自己這麼大的人感到非常混亂。因為這群年輕世代一直以來奉行的價值觀跟自己以及之前的世代完全不同，雖然張經理認為自己也勉強算是「新生代」，但跟他們差太多了，很多事情都無法理解。

　　所以不久前甚至還花一大筆錢參加名為「激勵 MZ 世代的領導力」的演講，但反而發現更多難以理解的方面，無法抓到頭緒。教育內容核心提到：「MZ 世代的員工會更投入在自己主

158 | Part 6 我是「權責分配合理」的主管

動找來做的事情上，而不是被交代的事情。他們想被認同的欲望很強，想要得到充分的權力，立下大功。」

但問題在於張經理實際跟他們一起共事後發現並不完全是那樣。張經理經歷過許多種狀況，在這過程中不僅按照教育課程上學到的那樣對員工下指示，還鼓勵員工主動找出能提升工作績效的方法，也試著幫助他們在工作中獲得主導權。

不過，有些員工完全糟蹋經理這樣的努力，反應說：「經理自己也不清楚工作內容，沒辦法給予清楚的業務指示。」他們說經理都不說明工作的邏輯或背景，也沒有具體指示業務範圍和期限，他們覺得十分辛苦。

張經理了解員工這樣的意見後，從此開始都具體地指示工作。也就是說，他傳達時會一一說明「做某件事的背景與用意，還有事情具體的範圍、期限、達成水準，組織與經理的期待」，也隨時檢視員工是否正確理解。

但結果又變成，員工反應說：「感覺經理不相信我們，覺得我們什麼都做不好。經理缺乏宏觀的視野，我們覺得自己被監視。身為一名經理，應該要給員工各種機會，讓員工自行成長，但經理不在乎員工的栽培與成長，只在乎短期績效。」

在這種情況下，張經理究竟該發揮何種領導力？看起來不能因為對方是 MZ 世代就認為他們符合那世代的特徵。經理以前學到的是領導力應該要從一而終，但當他試著發揮一貫的領導力在所有員工身上時，卻得到許多意料之外的反應，所以感到混亂不已。

看來張經理真的很混淆。這種時候請嘗試「情境式領導理論」。也就是說，試著不站在主管的位置上堅持適合自己、自己覺得方便的固定領導力。

建議要先掌握下屬的成熟度（M：Maturity），然後依據成熟度採取不同的領導風格。也就是說，為了能夠視情況發揮領導力，領導者事前要正確掌握員工的成熟度、動機、能力及個人需求等。這種時候很有效的分析方法就是「赫賽與布蘭查德（Hersey-Blanchard）的成熟度理論」。我們現在就更仔細地來了解怎麼做吧。

| 赫賽與布蘭查德的成熟度理論 |

M1（Maturity 1）：員工成熟度是最低的。這種時候需要告知型的領導力。簡單來說，「不是教他如何捕魚，而是把魚給他」。要清楚地指示並確認工作目標、範圍、期限與達成水準等一切內容。如果下屬是這種類型，就不能只是告訴他該怎麼處理現在這一步，要詳細地從頭到尾告訴他之後的每一步該怎麼做，這樣他才不會犯錯，就算他處理得亂七八糟也沒關係。

　　M2（Maturity 2）：員工成熟度會稍微高一點。這個情況下需要指導型的領導力。換句話說，「可以稍微教他怎麼捕魚」。就像字面上的意思，在這個情況中他已經具備某種程度的能力，所以要像指導運動選手的教練那樣。分次告訴他做事的方法，並監控整個執行過程，然後再判斷要不要告訴他下一步該怎麼工作。屬於此水準的員工縱使野心很大，卻無法細膩地創造出相對的績效，所以更需要領導者的觀察。

　　M3（Maturity 3）：員工成熟度是很高的。這種時候就是要發揮支持型的領導力。換句話說，就是「教他大致上該如何捕魚」。要告訴他大框架內的工作方針，然後確認他有沒有按照方針去做。如果員工提出要求說缺少某部分，就要給予相對應的支持。從這一步開始，主管的領導力會因下屬創造的績效而被評價。請記得，領導者並不是直接創造績效的人，是支持下屬創造績效的人。

　　M4（Maturity 4）：員工成熟度是最高的。這時要發揮授權型的領導力，也就是「把捕魚的方法完全告訴他」。不用長篇大論地說明並指示，只要在授權前先示範或是簡單地說明，員工就會主動視情況把事情處理好。

很多專家們都會說，**最理想的領導力狀態就是授權（Empowerment）。但前提是下屬成熟度必須是最高的狀態，而且領導者也要完全信任下屬。**當然在這之前需要執行好幾次業務，先建構領導者和下屬之間的信賴關係。

　　換個角度說，如果底下員工的成熟度還在最低的 M1 階段，就算主管示範了，他們也完全不會想到「我要替主管來做」或是思考該怎麼做。因為成熟度較低的員工無法自發性地去做沒被交代的事情，所以這種時候要向員工具體說明該怎麼做，不能光是示範，也不能只是簡單地說明就交給他。當然，團隊內不會只有這種傾向的人。不過，眾多員工當中還是可能會有一部分的人是屬於這種情況。

　　相反地，也會有成熟度較高的下屬。面對這種人時，只要示範給他看就行了。主管光是讓他們看到自己工作的樣子，他們也會想要了解主管的狀況，然後幫忙主管或代替主管去做。接下來就是需要授權了。如果簡單明瞭地說明該做的事並釋出權限，他們就會開始主動找出有創意的答案，並且完成工作。

　　不過，若主管的授權行為超出或不及下屬的期待，他們反而有可能否定主管，認為主管放任他們。也就是說，「當主管交付的權限比下屬所想的更大」，有可能會讓下屬覺得主管把自己要做的事都丟給下屬；相反地，「當主管交付的權限太少」，下屬會覺得主管不在乎自己業務能力的開發，才會沒有交付合適的權力。兩種狀況都會讓下屬覺得主管沒有盡到責任。

　　使用這樣的分析模型時難免還是有不少該注意的地方。然而，只要你不把下屬都當成同一種人，而是認為每個人的能力不同，都有成長可能時，主管的領導能力也會更精進。

HOW 如何清楚區分創造績效
與分配業務的角色

　　「經理！您上次幫我寫了一部分的報告，對吧？希望這次您也能幫我。」一年前，經理覺得寫報告似乎讓員工很疲憊，就出於好意幫忙完成一部分的內容。但是過了一年，又到了要寫同樣報告的時期，員工竟然理所當然地拜託經理幫忙。為了團隊長期和短期的績效，經理該幫忙到什麼程度呢？

▌EPISODE

　　B 公司員工人數在一百人以下。最近幾年間都沒有錄取新員工，導致公司內管理階層比重增加。也就是說，基層員工人數減少、只有管理階層增加，這點使得基層員工對於領導階層的人（經理以上）越來越不滿。

　　某天李經理正在確認「外部審計報告」的進度，發現距離截止日已經沒剩多久了，於是把負責撰寫的員工叫來詢問：「目前外部審計報告進度如何呢？應該差不多了吧……」

　　該名員工聽到後遲疑了一下，然後說：「經理！報告幾乎都寫完了，但去年經理幫忙的那部分，我還是不太懂。這次也希望能拜託您。只剩下那部分了。」

　　「去年我寫的那部分？到現在完全沒有進度嗎？」

　　「是的，去年我們忙不過來的時候，您說要幫忙就自己拿回去做了。但今年我們實際要做的時候發現都很陌生，而且我們要做的事情還有很多。經理只要稍微幫忙，我們就可以在這段時間確實地完成其他的部分。」

經理心想：什麼！今年也要拜託我？這些員工到底在想什麼？真是的，超傻眼！他們以為我很閒嗎？應該要由最了解內容的人來寫報告啊……事情怎麼會變成這樣？我只是好心幫一次忙，現在就完全變成我的工作了。

📢 這種時候請這麼做

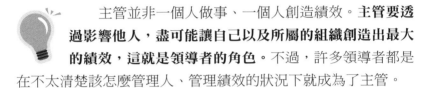

主管並非一個人做事、一個人創造績效。**主管要透過影響他人，盡可能讓自己以及所屬的組織創造出最大的績效，這就是領導者的角色。**不過，許多領導者都是在不太清楚該怎麼管理人、管理績效的狀況下就成為了主管。

當然也不能因此就理所當然地當個「不知道該做什麼」的慣主管。不過，有時候的確會因為「沒有做基層工作」而受到各種誤解。說不定還有些員工認為主管的形象就是「整天無事可做、悠哉地逛網購，批示也只是形式，時間到了就叫大家一起去吃飯」。

在上述案例中，經理必須決定是要接受員工的請託多少幫一點忙，還是以管理員工的心態專注在經理原本的角色。以下分成兩種狀況來看。

情境1　即使如此，也不能由我去做下屬在做的事啊！而且我已經當上經理了，經理應該要比你們好、比你們輕鬆才對。我只要下個命令，根本不用寫報告，當經理真是太好了。

看到大家都被工作壓得喘不過氣，一開始雖然會在意他們的眼光，也感到抱歉，但這種狀況持續幾次後就會習慣，不會

放在心上了。如果主管抱持著這種「這件事我也沒辦法」的態度不幫助員工，也不好好執行主管的角色，就等於是「領導力真空」。

情境 2　如果以相反的心態想：我當上經理後，時間上比較寬裕！我會在意員工的眼光，也感到過意不去，我要主動幫忙員工做一部分的工作。

看起來這比情境 1 好一點。不過，結果可能就是經理沒辦法確實做到經理該做的事。以某種角度來說，如果又幫員工多做一次，你以為員工會覺得是受經理幫助而心懷感激，但他的想法卻可能跟你非常不一樣，他會覺得「這件事並不是我要做的，是經理要做的」。一旦變成這樣，可能之後就真的變成是經理要做的事。

結果就是，員工非但不覺得「經理竟然幫助我，真的很感謝」，說不定還會繼續把那件事當成是經理份內的工作，不會想親自去做。更誇張一點的，當他認為經理時間很多，還可能要求經理連其他事都幫忙。

如果這種狀況一再反覆發生，主管到最後就還是在做許多基層員工的工作。主管說是要幫員工，卻搞不清楚什麼才是身為主管真正該做的正事而沒做到。所以最近的主管都會自嘲說：「雖然升遷了，水準卻是員工以上、主管以下。」

然而，以某方面來說，這一切狀況都是主管自找的。如果不希望變成這樣，就要在當上主管之前清楚地確定自己的角色。要擺脫「誰會教育我？」或是「誰會認同我？」這種消極的想法，主動努力找出並領悟主管的角色和責任，建立屬於自己的風格。

這樣也才有可能對員工說：「我的角色是這個，我會做這些事情。而你們則是要做那些。」

　　若想避免事情發展成上述情況，需要針對「主管（領導者）－員工（下屬）各自該做的事情」提出宣言和協商。並且要列出「當上主管後該放下的、保留的、新增的能力」的清單，著重在該保留和該增加的部分，然後以最快的速度開發自己的能力。

| 職位轉型三關鍵（Freeman,2011）|

下屬　　　領導者

Add on
（增加）

Preserve
（保留）

Let go
（放棄）

　　這麼說來，主管和員工時期的角色有哪些不同呢？大致上需要扮演四個角色。

　　第一個角色是「管理自己」。不管是當上管理階層後還是擔任基層員工時，這角色都沒有太大的不同。要不間斷地開發自己，具備解決問題的能力、專業度和革新的能力等。雖然沒辦法面面俱到，但在處理主管的業務時要擁有比大部分的員工

更卓越的經驗和專業。因為主管必須能夠教導員工，也就是在職訓練（OJT）以及業務指導。

第二個角色是「管理工作」。這跟還是基層員工時的不同點在於必須更著重在「達成績效」上。要設定有挑戰性的目標，也要對結果負責。主管也是在工作的人。主管要透過管理工作，更穩定且完美地達成目標、創造績效。必須想辦法讓自己團隊在工作上的表現卓越才行。

第三個角色是「管理人」。要開發員工的溝通能力、工作動機、關係建立、團隊合作等方面的能力來達到栽培的目的。領導者越關心員工的成長，越可能管理好自己、工作，甚至是人，這樣才能被評價為出色、優秀的領導者，而不是平凡的管理者。

第四個角色是「管理組織」。要經常思考組織的使命、展望和戰略，然後帶頭改變，扮演連結內部與外部的連結者角色。更進一步，就是要準備好能發揮經營者般的領導者角色。要提前準備，讓自己能發揮領導力，不只是管理組織，還能讓影響力從團隊、公司擴散到社會。

領導者會透過影響他人（下屬）、激勵他人來讓他人創造出績效，而他們創造的績效就是自己被評價的績效。為了創造優越的績效，重要的是管理下屬的績效並讓他們達到績效，而非只是示範。因此，領導者要學習扮演新的角色，不只是管理自己，還能管理工作、管理人、管理組織。

HOW 如何支援不擅面對奧客的員工 以幫助成長

　　某銀行分行員工態度頑固，導致原本可以簡單化解的客訴變成了棘手的問題。當然客人的確是在無理取鬧，但員工的應對態度也有問題。不過，其他的員工都在維護該名員工的立場，並因此懷疑主管沒有適時給予協助或支持。這種時候主管該用什麼態度來面對員工呢？

EPISODE

　　「先生！我們真的沒有錯。您要再匯款到我們這邊。」

　　「什麼？我就說我不匯了啊？」

　　「那麼，我們只能採取法律途徑，寄存證信函給您了。而且那原本也不是您的錢，不是嗎？」

　　「是嗎？好啊，你就寄啊！之後呢？」

　　「您不會再跟我們交易了吧？」

　　「你現在是在威脅我嗎？」

　　「什麼威脅？我只是在說明現在的狀況。」

　　「不管是存證信函還是威脅，我都不會放過你們的。我要告到金管會……」

　　同事在旁邊聽到這些對話內容後，異口同聲地問：「這人是誰啊？真的講不聽耶！就寄存證信函給他！依法處理！這人到底在做什麼？怎麼會這樣要求？真的很誇張。那又不是自己的錢，只要匯過來就可以了啊！」

主管確認問題狀況以及員工應對的內容後，確定員工並沒有誤解公司規定，可是他回應顧客的方式有問題。員工一開始應該先退讓，向客人致歉：「您沒有錯，是我們這邊的不對，不過還是要麻煩您……」然後要鄭重地請求客人退還已經匯入他帳戶的錢。但該名員工並沒有這麼做。

他反而還覺得：「明明就不是你的錢，如果匯到你的帳戶後沒有趕快退還，是你會有麻煩。」然後以這樣的語氣打電話告知客人。

因此，客人一開始只是不開心，到後來因怒氣湧上來而反倒傲慢地質問銀行那筆錢是從哪裡來的。也就是說，員工第一步應對態度出錯，導致狀況無法控制，演變成員工與客人之間的針鋒相對。該名員工用這種錯誤的方式處理事情後，依然不改變態度，還想要持續跟客人爭執。其他員工也講得一副那名員工沒錯的樣子，這也是他沒有妥協的原因之一。

現在，主管要選擇該干涉的時機和方法。干涉時機和方法會決定是放任員工還是授權給員工。主管一旦開始干涉，想當然就變成了主管的事，所以會感到苦惱也是無法避免的。就算不干涉，麻煩的事原本就已經夠多了。不過，如果沒有在該干涉的時候干涉，而是逃避且假裝不知情，就可能會引發員工的抱怨。

員工可能會抗議「到底主管是站在哪一邊？」或是「為什麼我們很辛苦的時候，都沒有站在我們這邊呢？」因此，主管必須從某個時間點開始涉入才行。不過還是可以稍微觀察一下，

延遲到不得不出手的情況再出面，如此也能栽培員工處理事情的能力，以免員工受挫。給他多點時間、等待他，讓他發揮潛力、自己解決事情，也是一個好方法。

接下來，請依據下述步驟施行看看。

第一步，主管要依下列說法具體說出在員工處理事情時所觀察到的事實。「我可以跟你聊一下事情發生的經過嗎？」、「請你告訴我，現在你遇到的問題的經過，以及到目前為止帶來的影響。」

第二步，要給員工一定的時間，等待他自己回想、反省自己的行為並感受看看。就算時間很短也沒關係。如果沒有這樣等待的時間，而是直接告訴他主管的要求與指示，員工處理事情的能力就會停滯，而且他的成長也會停止。為了避免往後處理客訴時再衍生更大的問題，主管要忍耐並等待。

第三步，要重新確認員工平常執行的業務目標。這目標一定也包含客戶滿意度。可以試著問他「現在你的工作目標是什麼？」、「現在你的工作當中最重要的是什麼？」。

第四步，詢問員工解決相關問題的具體建議。當員工自己思考後提出問題的解決方法時，又是員工可以再成長一步的機會。這時可以詢問「現在你的進度如何？」、「在那方面有哪些難處？」、「你為了達成這目標做過哪些嘗試？」等。

第五步，清楚地說明往後組織與主管對他的期待，讓他同意後再次承諾並下定決心。這時可以說：「你覺得你可以順利做到你說明的替代方案嗎？」、「我該怎麼幫你才能提升成功率？」、「兩週後我們再來討論進行結果好嗎？」、「那時能

透過什麼（指標）來確認（測量）呢？」、「我相信你一定能做得很好。」

雖然知道員工可能是在誤會規定的情況下做出錯誤的行為，但為了「透過授權栽培能力並提升自信」，還是需要暫時交給他。也就是說，不能過度控制下屬。如果嚴格控制，下屬反而會比平常犯更多錯。

如果想要控制人，到最後可能會失去那個人，甚至是他的能力。要帶著信心栽培。要讓他想到「上司是相信自己的」。當然這時可能又會遭逢外來的客訴，所以也要適時介入以免演變成公司更大的損失。

干涉員工的業務時，主管要先傳達出為了下屬的成長與發展著想而給予指導的真誠。也就是說，要傳達「我不是站在客人那一邊或是你這一邊，我一直都希望你能變得更好」。

此外，為了能在實務上透過指責來矯正或改善員工行為，要將指導的根本（員工原本的態度）跟實際行動分開來指責。現在起，我會介紹另一個技巧，這將能改善員工的錯誤行為。也就是「**改正性回饋技巧**（Behavior, Effect, Expectation, BEE）」。

首先是**行動（B, Behavior）**。只要指責員工錯判狀況後錯誤應對客戶的行為就好，不要指責他平常行為固執，以及這次在跟客戶起衝突時也很傲慢等個人態度或是個性等方面。這一步若沒做好，主管和下屬間的私人關係會變疏遠，公務上也可能窒礙難行。為了不要搞砸關係，第一步就要慎重地應對。

接下來是**效果（E, Effect）**。只要提到那個行為影響結果的客觀事實即可。要讓他知道自己的行為對分行以及整間銀行都

會有不好的影響。

最後是**期待（E, Expectation）**。儘管員工犯錯還是要傳遞出主管的期待，希望他可以透過各種經驗，讓自己下一次面對各類情況時可以處理得更好。

要適當地建議：「沒有人是從一開始就能把事情處理好的。身為主管的我以前也犯過很多錯。不過，希望你絕對不要忘記這次錯誤中得到的教訓。下次不能再犯同樣的錯了。之後如果遇到不懂的地方，不要急著判斷，要問問看身邊的前輩、同事和主管，請有經驗的人協助。因為你將會透過這個過程學會做事，做事的方法會進步，你自己也能成長、進步。」

很諷刺的是，主管干涉的時間點將會決定授權的程度與範圍。主管干涉的時間點越晚，員工成長的可能性就越大。如果主管不相信員工而過早介入，未來員工成長的幅度將無法超過那個水準。

HOW 如何解決員工因權力受限
而能力不足的問題

　　某製造公司已創立十年，公司裡分為基層員工、經理、副總、總經理等四個階層。可是最近副總說員工的報告寫得很差，建議進行教育培訓。不過，難道透過一天專題演講之類的短期教育就能讓員工寫報告的能力達到期待的水準嗎？

▌EPISODE

　　C 公司是成立十年的製造業公司。除了因需要有工作經驗而外聘的二十多位管理階層（副總、經理）之外，其餘三十多位員工都是在公司成立後的十年間陸續錄取而來的。公司整體規模是五十多人左右。員工當中並沒有資深的前輩，所以一直以來都是經理負責指導。

　　崔副總在這個時候點出員工的報告水準低落的問題，甚至表達對於最近員工的工作態度相當不滿，所以建議李經理針對全體員工進行「栽培企劃能力與報告寫作方法」教育。

　　「最近送到我這裡的報告有很多錯字……結構也很鬆散。尤其，我覺得年輕員工在這方面的教育訓練不足。文字能力不也是很重要的工作能力之一嗎？報告整體的水準也有問題，而且報告中看不到他們的自信、責任或把工作當成自己的事情來做的態度。」

　　「是的。最近的員工都會有這種傾向。」

　　「所以我才說嘛！你在上一間公司裡進行培訓已經是很久以前的事了吧？有沒有很會教企劃能力、寫作方法的人？應該

請屬害的講師來講三四個小時，提升他們這方面的能力。這些人光領薪水卻連一個好報告都寫不出來，這樣行嗎？」

無論如何就是要先做再說，但經理收到副總這樣的指示後感到非常為難。

🔊 這種時候請這麼做

「要改善員工寫報告時草率的態度，以及沒有自信、責任感，不把工作當成自己的事情來看的態度」。這所有的問題能透過一場專題演講之類的教育一次解決嗎？問題的原因是教育訓練不足嗎？如果不是的話，那麼究竟根本的問題是什麼呢？

首先有可能是「授權」的問題。經理應該要把裁示報告後將功勞攬在自己身上的時間，以及為了獨占許多不必要的情報而耗費的時間，投入在更重要的績效管理上。

這公司的基層員工十年前進入公司後就沒有前輩能指導業務，所以從以前到現在都是直接接受經理們的業務指示。當然也可以跟業務經驗豐富的經理學習，但就像過猶不及這句話說的一樣，現在這狀況反而害了他們。不管他們是隨便寫報告，還是費盡心血寫報告，經理都還是會重改。

有些經理收到報告後覺得要再告訴員工該修改的部分太麻煩了，所以一律不通過。明明員工已經比十年前剛來的時候成長許多，但經理還是像十年前那樣認為員工還沒成熟。於是有些員工就會覺得：「好啊！不管我交什麼報告，結果都一樣，反正經理都要改……倒不如我隨便寫寫就好了啊！」如果說十

年前員工是真的不懂而依賴經理，那麼也許現在就是因為經理依然不相信員工，所以繼續以那種理由讓他們依賴。

經理無法授權給自己不相信的人，所有的權力都還是掌握在手中，因此每件事情統統都得自己來。很諷刺的是，這也是員工報告水準低落的原因。

這裡還有一個問題，一個公司的批准程序要經過四個階段，實在太冗長了。在批准流程中，有批准權者都為了扮演好各自的角色而提出各種意見。實際狀況就是，好不容易通過經理批准的報告，在越過一座又一座的山後被改得四不像，然後才回到員工面前。也就是說，因為沒有把批准權之類的權限下放，每次都要經過四個階段，就造成了決策被嚴重延遲。

而且經歷這番過程後，處在批准流程最底層的員工，對於自己做的報告幾乎沒有存在感而喪失自信，遂變成了發表後卻什麼都不能做的人。結果就是沒有公司會期待單純做行政業務的人要負責報告的品質，而員工也越來越不開心，或者是不想更努力進步。

經理的處境當然也能理解。上司不希望他獨自一人去做而交代他要授權，但是他在授權後卻擔心到整晚睡不著覺，然後趁員工不知道的時候偷偷察看進度。不過，如果是這種情況還不如不授權，因為授權後還要承受原本不用承受的龐大壓力，按照自己原本的方式來做還比較好。

所以說，**主管必須捨棄「要獨占批准權以及組織裡發生的一切資訊」這錯誤思維。**要找出新的方法，也就是透過授權分配工作、發揮影響力。要減少批准後攬功的時間，以及減少付

出時間在獨占許多沒必要的資訊上。如果是真正的領導者就要投資在更重要的績效管理上。

再來，教育訓練方式也是一個議題。主管不要只是教導（Teaching），要指導（Coaching）。憑著短期、單次的專題演講就想改變人並不容易。相反地，在第一線進行「OJT（On the Job Training）」、「指導」以及「邊工作邊栽培」將能更有效產生變化。就像有句話說：「聽到的會忘記，看過的會記得，實際做過的就能理解。」相較於在培訓中心的團體教育中看到、聽到的教育，**在第一線直接執行業務來學習工作的方式，會更有效帶動組織與員工的改變與革新。**

這公司缺乏能像這樣負責栽培的資深員工，所以必須由工作經驗豐富的經理扮演這角色，不過經理們都因為急著想趕快執行業務、趕快創造績效，所以工作方式並非「指導並教他如何捕魚」而是選擇一一說明，然後幫忙修改、訂正。因為是用這種方法，員工的成長才會在過去十年來都停滯不前。這公司的員工並沒有透過授權學會自由發揮，而是依然倚賴經理。

所以，就算是從現在開始經理也要改變做法，必須指導員工，讓他們能自己成長，然後要讓已經成長的員工接下權力、承擔責任。要透過這個方式讓他們學會自律，並且對於自己的報告感到自信心、責任感、成就感。

要推倒妨礙授權的「不安、不信、無法溝通」這三道心牆，這樣領導者與下屬才能成長，組織也才能成功。單憑領導者個人的能力，很難適應現今變化多端的經營環境，所以要凝聚更多人的力量才行。**在組織中有個不用花錢也能得到許多人的力量與支持的方法，那就是「授權」。授權能讓員工的能力極大化，**

因此就能更快速地執行任務、創造更大的績效。

| 妨礙授權的三道心牆 |

不安的牆	「授權之後，我怎麼辦？我的位子會不會不保？」 1. 請記住，授權並非「分散權力」而是「擴張權力」 2. 要清楚地說明授權的工作範圍與內容
不信任的牆	「到底員工能不能把事情做好？」 3. 要掌握並開發員工的能力 4. 讓員工累積成功經驗 5. 認可員工工作時自由發揮的部分
無法溝通 的牆	「怎麼會這麼無法溝通……交給他也好累」 6. 提出開放性的問題並且帶著同理心傾聽 7. 給予肯定的回饋

※ 出處：《SERI 經營筆記》第 157 號第 2 頁

HOW 如何帶領連瑣碎問題 都期待主管幫忙解決的員工

　　很多人都認為，MZ 世代的特質就是重視自由，主導意識非常強烈。不過，並非所有 MZ 世代都有此特性。面對一切大小事都過度地要求幫忙判斷的員工，又該發揮何種領導力呢？

▌EPISODE

　　E 公司是一個中堅企業。不僅徵選員工的方式多元，員工間資歷差距也很大，所以員工業務能力也參差不齊。其中有位吳專員工作能力特別差，每件事情都要詢問主管的意見，連很小的決定也是一樣。

　　經理想要釋放更多權力，但很多員工的心態似乎還沒有到能接受的水準。以經理的立場來說，希望只要指引到某種程度之後員工就會自己視情況去做。不過，吳專員卻每件事都詢問經理的意見，還包含很瑣碎的小事，現在只要聽到他說「經理，我有件事要跟您說……」，經理就會感到煩躁。

　　「經理！大事不妙了！我有件緊急的事情要跟您說。」

　　「等一下，我大概知道是什麼事情讓你變成這樣……所以我才叫你先做看看，真的不行再跟我講。等到你遇到真的無法解決的大問題再跟我說！」

　　「經理！不是這樣的。這次真的是很重要的事情。您應該要先聽我講再判斷。依我的能力沒辦法繼續做下去了。這領域我無法負責。」

　　「之後結果我都會負責，所以不需要還沒開始做就先擔心。

就照你知道的全力以赴做做看。期中報告只要一兩次就行了，所以你先把自己當成最終負責人，做到最後看看！每次你一遇到這些事，就衝過來找我說大事不妙，那我什麼時候才能做我的工作？我也很忙耶！你還要這樣工作到什麼時候？」

經理因為心裡鬱悶，甚至還故意對吳專員大吼大叫。

這種時候請這麼做

如果放任這樣的員工不管，就會陷入不小的問題裡。難道你講幾句、嘮叨幾句就能改變有這種傾向的人嗎？這讓我想到一個古老的爭論。

「不能隨便放棄人」跟「東西可以維修，但人不能」，這兩句話哪個才對呢？前者是說看人的時候，不要只看現在的狀況就判斷，而是要相信他擁有的潛力並且長時間觀察。後者是說很少人的潛力能在未來被激發出來，所以不要浪費時間在沒意義的事情上，應該要採取人事調整等的措施。

當然選人（應徵）的時候應該要慎選，而非事後煩惱要放棄他還是要改變他。不過，「選人」也無法做到完美。不一定能夠按照個人的長處分配工作，也無可避免跟自己不喜歡、跟自己喜好不合、跟自己的期待不合的各種人共事，因此主管需要多加嘗試。

主管被交付的眾多業務中最重要的一項就是栽培員工。所以**必須掌握住員工個人的優點、能力以及工作風格**。要連工作的難易度和個性等都考量進去再分配最適合那個人的工作。

下一步就是讓員工累積大大小小的成功經驗。下屬可能因為工作跟自己的個性或業務風格不同，或者因為那是自己不了解的領域而感到沒有自信，光是追著主管。一開始可以先配合該員工的能力從最簡單的任務開始交付，然後逐漸提升工作難度，如此透過小的成功經驗連結到大的成功經驗。要注意，如果一開始就交給他們難以承擔的困難課題，將會導致他們失去自信、感到挫折。

密西根大學的卡爾・E・維克（Karl Edward Weick）教授強調「小勝的成功策略（Small Wins Strategy）」。這是指在完成符合自己能力的小任務時會產生自信並獲得小的成功經驗，這些終究會讓人連困難的業務和大任務都能有自信地完成。請用這個策略來栽培員工。

最後要認同員工執行業務時自由發揮的部分。也就是說，要認同員工在培養能力以及累積大大小小的成功經驗後變得更成熟，所以在執行業務時能大膽且自由地發揮。像制定規則等宏觀的企劃是由主管負責，細部的業務處理則授權給員工，讓他們自行負責。

像這樣經過許多階段的授權後，下屬就會自然而然地創造績效。不過如果省略這些步驟，從一開始就毫無章法地認為「我會授權給你，你就自己憑能力做做看」，就只會帶來失敗與關係衝突。請務必記住，當員工能自由地發揮最大的能力時，就能創造出單憑上司的指示或公司業務守則無法達成的績效。

HOW

如何說服凡事要求說明
工作目的和意義的員工

　　有句話說，「如果想要打造出高績效團隊，就要說明工作的意義與價值」。當然這句話沒錯，不過在忙碌的日常生活當中，沒辦法事事都解釋清楚。以下介紹一位不管什麼情況都追問工作價值的員工。那麼該如何說服他，讓他能快速地執行業務、獲得績效呢？

▎EPISODE

　　「經理，今天晨會您提到一項業務，就是關於如何活化我們公司的社交媒體。我很想知道為什麼偏偏在這個時間點要求原本運作順利的社交媒體做改變呢？」

　　「這件事是高階主管開會時指示的。協理說這是執行長指示的項目，所以要最優先執行。」

　　「您的確是說了，但為什麼執行長要下這樣的指示？原因是什麼？」

　　「我大概知道那是什麼狀況，但是要講完就太長了，而且我今天就要完成報告，所以要先訂出施行方案，詳細內容我之後再抽空另外跟你說明。」

　　「經理，我覺得我工作的時候要知道為什麼要做這件事，以及這件事有什麼意義。不應該因為是執行長或協理說要做就做，應該是有什麼原因才對，我很想知道。」

　　「執行長叫我們今天下午就要報告活化社交媒體的方案，現在我哪有時間跟你講那些？只剩下幾個小時了耶！可不可以至少先完成草案，之後再來談那些呢？現在我真的沒有時間，

說明那些狀況背景有那麼重要嗎？」

　　結果，經理就這樣氣得結束了這段對話。經理當然很清楚這整件事情的緣由。執行長在前一天參加餐會時，聽了一場專題演講，主題是「千禧世代與 Z 世代的特性」。講者說「要掌握千禧世代和 Z 世代，才能確保我們未來有飯吃」。執行長聽完之後回來立刻指示要趕快推動「檢視公司的社交媒體並且盡可能增加曝光」的企劃。

　　因為必須要趕快寫完企劃案，沒辦法一一說明。但是該員工又會一直追問那件事的目的和意義，甚至要求說明那件事出現的背景。究竟該怎麼跟他溝通呢？

📢 這種時候請這麼做

　　千禧世代與 Z 世代工作時有很強烈的傾向就是想要了解「原因」和「目的」。他們認為「做是可以做，但為什麼要做」，非常在乎其意義。

　　有時當然會因為狀況緊急就不說明工作的目的與意義，而是直接將上司指示的事項交代下去，但以結果來看，這不是一個好的領導力行為。

　　工作重塑（Job Crafting） 對近世代的青年來說很重要。工作重塑是指「了解工作的目的和意義後自己找出工作來做」，如此重新創造業務。換句話說，如果領悟了工作的意義與價值，員工就會主動創造業務並努力去做。

　　執行長所謂的「要瞄準千禧世代與 Z 世代來強化我們在社

交媒體上的活動」跟組織的行銷方向密切相關。了解行銷方向再思考如何在社交媒體上爭取最大的曝光，跟「因為是執行長指示的，所以你想一想」這兩者有極大的差異。

尤其現在剛進社會的年輕 Z 世代相當重視工作的價值與意義。過去那種「照我所說的去做！因為是 XXX 命令的，所以要去做！這件事很急，趕快去做！」的指示方式，對這些人來說是完全無效的。憑著那種普通的指示很難達到期待的結果。

屬於上一世代的管理階層應該注意觀察千禧世代和 Z 世代的想法和行動為何，然後適當地迎合他們的喜好。這點對組織的團隊合作和績效來說非常重要。指示業務時一定要說明為什麼要做這件事，以及這件事有什麼意義和價值，也要具體說明當事情進展順利時會帶給我們團隊或個人何種影響。雖然會多花點時間，但這麼做反而能減少誤會的產生，是能創造出更好的成果的捷徑。

在總公司擔任 HR 的金專員整天都在查詢到國外出差的機票和飯店，要不然就是接收職員的請假單並管理公司旗下的公寓式酒店。因為每天都在做這些事，所以他常常覺得「我好像是在旅行社工作」。該怎麼讓金專員了解工作的意義和價值呢？

這時主管應該告訴金專員，雖然他現在做的事情很瑣碎，但是他讓這些員工能平安地出國、放假，對於組織很有貢獻，如果這些事情都能順利，終究就是在創造組織的績效。

而且以個人職涯管理層次來說：「現在雖然是做這些事，但如果跟其他員工打好關係就能逐步成長，時間一久也能學習其他業務，甚至做到其他更難的事情，如企劃之類的。」如此

以未來個人成長的觀點來說明，更能讓人感受到工作的意義。

「若組織中的每個人都像齒輪一樣好好運轉，就能發揮最大的效率，那些會轉化成績效，也有助於個人的成長。」如此說明後，金專員才知道自己所做的事情並非雞毛蒜皮的事，這些都對組織和績效貢獻良多，而且往後他也不會只做這件事。現在的工作是為了未來更困難的工作而預備的前一個階段，所以要努力找出更快且更有效的工作方法來讓自己更加成長。

工作重塑終究是由自己領悟如何把工作做得更好的過程。如果主管能清楚地說明工作的目的與意義，員工就會努力主動把工作做好。

溝通策略專家賽門‧西奈克（Simon Sinek）在《先問，為什麼？ Start with Why》一書中說明「黃金圈理論」。他解釋，在與人溝通時最重要的是為什麼（Why）。他說，一般人在說服別人時會依「做什麼、怎麼做、為什麼（What-How-Why）」的順序說話，但如果真的想說服別人，應該要依「為什麼、怎麼做、做什麼（Why-How-What）」的順序溝通。

如果要說服別人，就要告知原因、價值、目的、動機和信念等。當主管從「為什麼」開始談起時，就能讓員工產生共鳴並且同意。一個讓員工發自真心跟隨的領導者會時常激勵員工，且這樣的領導者總是充分說明「為什麼」。而員工並非出於義務，而是甘心樂意，他們的追隨不是為了領導者，而是為了自己。希望你有朝一日能成為這樣的領導者。

| 黃金圈（Golden Circle）|

為什麼（**Why**）：信念、目的、
　　　　　　　　　存在理由

怎麼做（**How**）：實踐「為什麼」
　　　　　　　　　的行為

做什麼（**What**）：行為的結果
　　　　　　　　　（產品、服務）

Part 7

我是
「掌控會議品質」
的主管

HOW 如何引導只懂準備資料
不會提出個人見解的員工

　　很多員工認為「下決策是主管的工作，我的角色就是單純的分析、準備資料」，而且這種員工出乎意料地多。如果問他們有沒有意見，他們就會認為「反正都是主管在做決定的，與我無關」。為什麼員工會這樣想呢？有沒有能解決的方法呢？

▌EPISODE
黃主任平常的風格就是優柔寡斷，不太會表達自己的意見。所以這次經理交代黃主任負責準備要向高層報告的企業分析，並要他自己想出方法、整理意見再報告。

　　經理過了一週後拿到報告發現，裡面依然沒有黃主任自己的看法，內容只是單純地比較兩間企業，完全沒有差異分析或是他以負責人的身分提出的意見。經理把他叫來會議室想告訴他，他已經不是基層員工了，身為領導階層應該要有獨具慧眼的觀點。

　　「黃主任，報告內容我看完了，你調查企業真的辛苦了。你在報告中提出兩個企業各自的優點和缺點，不過除此之外，我很好奇你在分析這兩間企業的優缺點時，覺得哪個企業對我們更有利。我很想知道你的意見。」

　　「是，我在報告裡提到我比較過的企業當中最終的兩個企業，A企業在價格和經驗方面更占優勢，但技術略嫌不足，B企業在價格和技術方面很卓越，但經驗方面稍微缺乏。」

　　「嗯，我已經在你的報告當中理解這些內容了。所以你的

意見是什麼呢？」

「我的意見嗎？就像剛剛講的，A 企業⋯⋯」

「那個你已經講過了，我現在是在問你的個人看法是什麼？你覺得哪個企業比較好呢？」

「我只是按照你的吩咐調查企業而已。您要我找資料，我就努力地準備，我認為由經理做決策是理所當然的，所以我沒有準備其他的意見。」

「是啊！我會做最終決定，但是我覺得負責準備報告的人不該沒有意見。」

「反正到最後都是經理決定，不是嗎？要不然您就事先叫我選一家企業，那我就會這麼做了！」

「真是的⋯⋯你又不是新來的。我知道了，我的責任比較大，是我沒有具體指示業務。你出去吧！」經理看著黃主任離去的背影更苦惱了。「那人真的連獨立思考都不會嗎？」

該怎麼做才能讓他以負責人的身分正確分析工作，並且勇敢地提出想法呢？

這種時候請這麼做

如果員工報告時沒有自己的看法，主管們想必會感到鬱悶吧！但是有許多員工都像這樣缺乏想做些什麼的意志、只是純粹說明狀況，然後希望「主管來判斷」，而且這種員工比想像中的還要多。他們之所以會認為做決策是主管的工作，自己只要純粹分析並準備資料就好，主要是因為下列三種理由。

理由一、想要逃避責任。他們認為只要不是自己選擇的就不用對結果負責。一旦這樣的員工未來成為主管時，就會一樣無法做決定，只會無止境地拖延。結果將會錯失好機會，終究會遭來不好的結果。

理由二、組織文化的權威性不允許團隊成員自由思考。在垂直結構的組織中，員工已經習慣遵從主管的話，所以不會說出自己的想法，只是等待主管的指示。如此一來，員工就會越來越被動。

理由三、害怕精神上的處罰。他們害怕自己提出意見後會被責備或是聽到負面評論，所以逃避提出意見。這樣的員工在業務上就無法成長。

員工報告時，並非單純地傳達調查和分析的資料，而是要能提出經由自己思考後的最佳解法以及說明根據。為了讓員工積極面對自己接下的業務並且做出好提案，平常聽取報告時就要訓練他們。提案並非天生就會的事，大家都需要透過反覆學習才能熟悉。請嘗試以下做法來幫助員工變得積極。

第一、主管要準備多樣問題，可以在員工報告時提出。主管要讓員工知道，自己不會只是聽取報告，而是會準備多種問題詢問報告者，所以報告者事前要預想可能會被問哪些問題並做好準備。問題內容應包含報告者的意見、目前進行狀態以及問題點等等。報告者並非只是純粹分析並整合報告，而是要思考並準備解決方法。包含主管在內，領導者們最重視的無非是「要投入多少程度的資源而獲得什麼樣的成果」。因此，平常就要不斷鼓勵他們訓練邏輯分析能力。

第二、報告時要提出往後的計畫，或是解決問題的提案。報告的人雖然能清楚說明問題或結論，卻不太會表達如往後的計畫或解決方案之類的內容。所以主管在聽完報告後一定要問「所以要怎麼辦？」來幫助他們學習思考。通常講話會有「起、承、轉、合」，但報告者往往都只說到「起、承、轉」。主管應該給員工清楚的指示，讓他的報告中能提到「合」。

第三、當主管跟員工的意見不合時，不要批判，要有同理心。如果員工提出意見後被批判，之後就會害怕提出意見。為了避免員工總是像「沒問題先生」一樣不經思考就同意，就算員工的意見跟自己不一樣也不要批判，要帶著同理心積極傾聽並詢問合宜的問題，來鼓勵員工有自信且自由地表達想法。

第四、平常開會時就要讓員工能自由地對主管說出自己的意見。主管要透過員工提出的建議或提案，思考自己平常的業務和團隊的問題點與解決方法，也要營造出能自由提出意見的氣氛。提案時的重點是絕對不能只提到現實的限制，而是要思考執行的方法。

第五、鼓勵員工閱讀關於該領域的專業書籍並分享。為了能有自信地發表意見，要先擁有對該業務的專業知識才行。雖然一般人藉由持續工作和吸收經驗能越來越熟悉業務，但依然無法像專家那樣針對變化中的環境提出有創意的替代方案。想要達到專家的境界，唯有無止境地學習、長久練習，以及嶄新的想法和挑戰。可以多鼓勵員工深度學習，另外，直接推薦相關書籍給員工或是送給員工都是不錯的方法。

HOW 如何讓一貫保持沉默的員工積極參與會議

在團隊會議上，如果員工總是習慣沉默不回應，或針對討論的提案也說不出什麼好點子，只是等待主管指示，那麼主管想必會覺得非常鬱悶。到底該怎麼做才能讓員工積極發表自己的意見並進行討論呢？可以用以下方式檢視會議哪裡出問題。

EPISODE

營業處經理每到會議時就對員工非常不滿。明明要大家儘量提出想法，他們卻像鴨子聽雷一樣沒有任何回應，忙著躲避主管的視線。

江經理　「現在開始進行下半年經營策略會議。上半年的業績太差了，似乎需要更開創性的計畫，大家有什麼好意見都可以儘量提出來。」

黃專員　「上半年的市場狀況不好，銷售量才會不佳，我期待下半年應該會好一點。」

江經理　「除此之外，有沒有其他可以努力的地方呢？」

黃專員　「我目前沒有其他想法。」

江經理　「其他人呢？」

林專員　「我覺得經理可以直接把你想到的策略說出來。」

江經理　「我比較想知道各位的想法。林專員呢？」

林專員　「不好意思，我之前忙著準備業績報告，沒有思考到策略之類的。」

江經理　「我已經在一週前公布會進行經營策略會議，大家

怎麼連一點意見都沒有？其他人都沒有意見嗎？」

專員們　「⋯⋯」

江經理　「不管再怎麼忙，這些都是我們的工作，我無法理解你們竟然沒有想都沒想過該怎麼提升下半年的銷售量。」

專員們　「對不起。」

江經理　「三天後我們再開一次會，希望每個人能在那時準備好兩個提議過來。然後希望你們能把公司的事當成自己的事。」

專員們　「好⋯⋯」

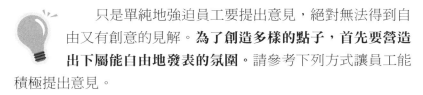

這種時候請這麼做

只是單純地強迫員工要提出意見，絕對無法得到自由又有創意的見解。**為了創造多樣的點子，首先要營造出下屬能自由地發表的氛圍。**請參考下列方式讓員工能積極提出意見。

第一、請指定會議的引導者。如果由主管來主持會議，會議主軸勢必就是主管。所以主管只要扮演協助的角色，負責選定會議主題、最終草案的相關決策，以及協助執行已決定的事項，至於會議的進行請另外指定一位同仁負責主持，這樣會更有效。主持人的角色是引導，以中立的角度鼓勵與會者自由發表意見，並協助會議順利進行。不過，如果像開玩笑那樣交給年紀最小的員工擔任引導者的角色，反而會有反效果。

第二、事前要公布會議主題，讓員工能做好準備。如果在前三天公布會議主題給與會者，事先給他們能充分思考的時間，

然後讓他們準備好看法來參與會議，就能分享並集結出更多樣的意見。這時需要注意的就是，要集思廣益，而非只是討論。討論是針對特定主題分成贊成和反對，然後再觀察何者較佳。然而，集思廣益是提出各自的意見，然後合成一個意見。

第三、主管不要一開始就說出自己的意見。員工們一定會在意主管。所以如果一開始就說出主管的意見，其他員工就很有可能會被動地贊同主管的意見，所以就算主管有意見，也建議到最後再說出來。主管稍微離席也是一個好方法。因為主管不在時，員工就能發揮更多創意。

第四、思維傳遞（Brainwriting）比腦力激盪（Brainstorming）更好。雖然受過許多腦力激盪訓練的組織能自由地提出意見，但如果組織沒有經過這種訓練，卻要求大家腦力激盪、自由地發表，反而會把時間用在爭論或批判已經說出的意見，而非提出多樣的意見。所以建議讓大家把一到三個意見寫在便利貼後輪流分享，並把自己的意見加在已提出的內容上，這種鼓勵大家說出點子的方式會比自由說話的方式更有效。

第五、不要說出批判的言論。如果主管聽到跟自己想法不同的意見時就批判或評論，員工就會不太願意再去表達想法。除了要尊重別人，也要營造出讓大家能自由說話的氣氛。

為了能有效進行會議，需要明確的程序和指引。請參考下面的會議進行指南來改善團隊的會議文化。

階段	說明	比重
定義階段 （Define）	**確立議題（Define Agenda）** **明確訂定會議目的與目標後公布** · 要先制定明確的目的與目標再公告。 · 會議一開始，主席要說明為何進行本次會議（目的）。 **引導者明確說明「想達到什麼（目標）？」並記錄在白板上** · 會議結束時，主席要檢視是否達成本次會議的目標與目的。 **要區別該在會議中討論的部分、不用討論的部分以及之後要再討論的部分** · 一場會議中要討論的事項不要超過三項。	10%
說明階段 （Inform）	**說明議題與根本原因（Inform about Agenda & Issue）** · 簡略說明該討論的主要議題。 · 要在三分鐘內簡略說明各個要點的現況以及掌握到的根本原因。 · 說明要點後公告須討論的主題。	10%
探索階段 （Explore）	**探索替代方案（Explore Alternative）** · 這階段要引導大家提出點子，更聚焦在可能性與效果，而非點子的界線或障礙。 · 雖然要接受可能性最高的點子，還是要注意不要偏離會議目標。	70%
決定階段 （T3 Setting）	**明確說明執行計畫的目標、期限與負責人（Target, Time, Those Setting）** · 要設定有意義的基準，如緊急性、重要性、實行可能性、經濟費用規模等，然後評估並整理點子。 · 為了鼓勵與會者的參與，要明確說出執行計畫的內容、負責人與期限。 · 會議紀錄中要包含白板的照片，執行企劃書寫完後要在會議結束的二十四小時內通知所有參與者以及跟會議內容有利害關係者（包含未出席者）。	10%

HOW 如何透過報告管理
只照自己想法執行業務的員工

　　經理已經在業務截止日前向鍾主任要求兩次期中報告，但他每次都說「進行得很順利，不用擔心」，結果到了前一天卻拿著完全不同的企劃案過來。經理因為他說「自己能做好」就信任他而交給他，但現在真的很想打他的後腦勺。當員工報告的內容跟當初指示的方向不同時，該怎麼處理呢？

▎EPISODE

李經理之前帶領策略企劃團隊三年，表現良好，這次被任命為新的人資教育經理。執行長要求李經理改善績效評估的相關程序和系統。業務難度很高，相當具有挑戰性，於是經理決定把業務交給號稱團隊中高手的鍾主任。

　　「鍾主任，執行長要我們改善公司評估績效的方法，從相對評估改成絕對評估。可能是因為原先運作的相對評估制度引來很多不滿，執行長才想要大幅修改。我現在對於人資的業務還不太熟悉，你可以跟我一起準備企劃案，然後一起在下週的經營會議上報告嗎？」

　　「經理，我一直以來也對公司的績效評估制度有很多不滿意的地方，我覺得這對我而言也是非常必要的業務。我在人資已經十年了，所以在這方面是專家。如果完全交給我，我就會準備好企劃案。」

　　「這樣啊！真是太好了！那就請鍾主任先做企劃案，之後再跟我報告。」

雖然完全交給鍾主任，經理有點不安，但至少他很專業，也看得出他的企圖心，所以經理決定授權給他。經理在截止日之前要求兩次的期中報告，但鍾主任都說進行得很順利，叫經理不用擔心，結果前一天卻拿著完全不同的企劃案過來。

　　「咦？這是什麼？這企劃案的方向不是我當初跟你提的引進絕對評估的內容耶！是相對評估的程序改善案？」

　　「是的，經理，我調查後寫企劃案時發現，經理提到的絕對評估要用在我們公司太勉強了，所以我寫的方向是改善現有的相對評估的程序。」

　　「什麼？那你應該要提早跟我報告啊！我已經跟協理說好會報告引進絕對評估的企劃案，這樣是要我怎麼辦？」

　　「喔！我個人比較實際，所以覺得以現在可行的方向來寫企劃案比較好……」

　　（明天就要報告了，實在是……現在到底是要我怎麼辦？我以為他值得信任，結果原來他完全按照自己的想法去做！）

📢 這種時候請這麼做

　　明確地指示業務後檢視定期報告也是主管的權限。不論員工的風格為何，只要有需要，主管任何時候都應該要求員工報告來掌握進度。不可以因為員工覺得自己比主管更了解業務就都不進行期中報告，光是讓他按照自己的喜好進行。就算實際上業務是員工在執行，主管還是要妥善管理，讓業務能順利進行並達到期盼的目標，這就是主管的角色。所以主管下指示後還是要積極地關心並管理業務，與員工一起創造出期盼的成果。為了能跟員工的方向一致，請依下列步驟進行。

第一、一開始指示業務時，就要告知期中報告的時間點。就算員工很專業，能自行完成企劃或執行業務，也一定要固定報告。當然業務開始前，主管很重要的角色就是要告知執行者業務目標的明確方向與最終報告的大致輪廓（Output Image）。

雖然已經在一開始完美地指示方向，但執行者還是有可能在不知不覺中改變方向。期中報告的優點就是能適時防止目標方向偏離，也能確認業務進行時遇到的困難，以及員工需要哪些支援，而且這麼做就能明確地管理執行者的時間表，甚至是最終報告的時間。所以儘管員工說自己能力卓越，能自行處理好，指示業務時還是一定要協調期中報告的時間點。

第二、不要只是等待，要正式要求期中報告。通常主管指示業務後就會開始等待，然後不斷煩惱：「他什麼時候會進行期中報告？」、「下週一週會時會報告嗎？」、「如果我問了，他會不會覺得煩？」、「事情進行得順利嗎？」表面上看來是為員工著想，但其實主管內心覺得負責人是員工，而非自己。

不過，就算工作是員工在做，所有的責任還是在主管身上，所以主管應該要積極地管理員工的業務。只要好奇員工業務進行狀況或是覺得員工有需要報告，就不要再等待了，而是要正式地要求員工報告。如果因為擔心造成員工的麻煩就放任他不管，就是在逃避主管應盡的責任。

當然每個員工的狀況不同，也許有人會覺得正式報告很困難。而且可能會因為正式報告太頻繁，導致時間不夠。這種時候也可以利用每天早上固定的空檔時間持續檢視工作進度。請積極利用各種類型的報告來掌握事實。

如何運用報告技巧
來說服上司

　　報告有標準答案嗎？上司的類型真的有非常多種，這代表報告的方法也有非常多種。然而，一定存在任何上司都想聽到的報告方法。站在聽取報告者的立場上，一定會想知道明確績效或具體結果，也就是「這麼做的話哪個部分會改善」。為了做到這點，報告者需要熟悉什麼技巧呢？

▍EPISODE

新來的上司相當重視邏輯，喜歡以證據和數據為基礎來決策，相較之下，擁有許多經驗和技巧的人資處彭經理，卻傾向仰賴直覺推動業務。最近彭經理覺得需要強化領導力教育，便向上司提議推動「2022 年主管領導力課程」。

　　「協理，我上次跟您討論過，最近我們公司有很多新進員工都離職了，我覺得原因應該是我們垂直的組織文化以及經理領導能力不足。現任經理都覺得跟年輕人很難溝通，不太清楚該怎麼指導。所以這次我計畫了為期三個月的領導力教育，希望他們能把學習到的內容運用在職場上。」

　　「彭經理的意見很好，但公司的人力已經比去年少了很多，經理們光是做自己被交代的事已經夠忙了，有時間接受領導力教育嗎？而且現在公司的資金狀況也不是很好，在我看來應該很難把費用投資在領導力教育上。」

　　「正因如此我才覺得領導力教育更急迫。最近的年輕人都希望經理給予具體的回饋，想做些有助自我成長的事，但我覺

得現在的經理很缺乏這種領導能力。此外，現在職場上都有霸凌及耍特權的問題，所以我擔心有些經理的表達方式會讓年輕人覺得太過粗魯或是偏激，而告到倫理委員會。」

「我知道彭經理想表達什麼，也充分能夠理解。但現在公司狀況嚴峻、人手不足，已經一團亂了，如果要把這些忙翻的經理聚集起來進行幾天的教育，哪個部門會願意呢？這些經理平常事情已經夠多了，再加上我覺得現在這個時間點很難額外為了教育而花費預算，而且聚集這些人也不容易。我會思考你的提議，但請延後計畫的時間或是提出更符合現實的替代方案。比方說改成在大會議室進行兩三個小時的專題演講呢？這應該也是個好方法。」

「協理，雖然您的看法也是對的，但是單次的專題演講很難發揮教育的成效。我覺得公司狀況越嚴峻，反而要栽培領導者們的能力，來讓組織成長。」

「我能理解你的意思，但公司現實狀況並不允許。這個之後再討論，我希望這次就先以專題演講的方式進行。」

人資經理覺得公司狀況越困難越要強化教育來提升能力，卻跟上司的想法不同，所以非常鬱悶。該怎麼做才能順利讓上司接受呢？

📢 這種時候請這麼做

報告時不該只是說自己想說的，而是要說上司想聽的話。不過，大部分的下屬跟上司報告的方式都是說明自己想做什麼、該做什麼。然而，上司更想知道的是明確績效與具體結果，也就是「這麼做的話哪個部分會改善」。

所以上司要求下屬時，總是會點出要點，開門見山地先說核心和結論。我們寫文章時會過度執著於按照「起、承、轉、合」的順序，但**跟上司報告時依照先說結論的「合、承、轉」順序是更有利的**。另外，說明結論時提出明確的數據如「省下了○○○萬元」，會比抽象的表達更好。

　　若想說服上司，就要站在上司的觀點來報告。所以報告者要理解聽取報告的人的注意力在哪裡，以及最近組織裡發生了什麼事。如果最近剛結束一季，而且上司聽到業績表現變差，導致人事費用增加，那麼這時就不要一昧地說很需要聘請新人，而是要一同報告補齊新進員工後的人力管理方案，才能提升獲得批准的機率。

　　「培養報告的敏銳度」是指跳脫報告者的自我中心、以上司的觀點來思考並尋找解決方法。準備向上司報告時，請參考下列事項。

　　第一、要確認最近上司最煩惱的事情是什麼，並且思考能解決那問題的正當作為。

　　第二、要預先模擬上司在聽完報告後會下的結論以及相對應的策略。也就是要先準備預料之中的問題、相關回答和補充的證據資料。

　　第三、如果關係到公司的經營策略、高層會議結果或是執行長指示事項的內容，都要順帶提到。尤其公司的核心價值會是決策時很好的判斷依據。

　　第四、跟上司報告時一定要依照下列圖示中「開！證！提！」的原則來報告內容。

| 報告明確且具體的核心事項：開！證！提！|

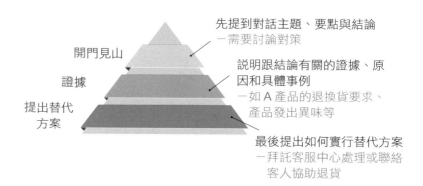

先提到對話主題、要點與結論
－需要討論對策

開門見山

說明跟結論有關的證據、原因和具體事例
－如 A 產品的退換貨要求、產品發出異味等

證據

提出替代方案

最後提出如何實行替代方案
－拜託客服中心處理或聯絡客人協助退貨

HOW 如何讓上司模糊的指令變得具體

有些上司總是提出模糊不清的指令。如果能從一開始就明確說明，底下的人就不需要同一件事做兩次了。該怎麼做才能創造出零失誤的滿意結果呢？

EPISODE

江經理目前遇到了困難，因為每次副總指示業務時都沒有明確解釋。這次也是一樣，副總要求他調查競爭公司的動向，他便分析三家競爭對手的新產品，但在他報告時，副總的表情卻很難看。

「江經理，這是什麼？我記得我叫你調查競爭公司的動向，為什麼你是分析競爭公司的新產品？這不是我交代的事啊！」

「副總要我掌握競爭公司的動向，我理所當然地以為是在問競爭公司的最新產品，所以才分析新產品的。」

「不是啊！江經理，如果我的指示不夠明確、你不理解，就應該要問我，不是嗎？怎麼可以每次都按照你的想法去做呢？我不是要你分析競爭公司的新產品，而是要你調查競爭公司的行銷策略與客服策略。為什麼每件事都要做兩次！請在兩天內重新準備好之後向我報告！」

「是，副總，我兩天後會再報告。對不起。」

（副理一開始就明確地下指令不就行了嗎？不懂為什麼每次都講得很模糊再來怪我。）

　　許多主管在聽到上司模糊的指令後，還是不會詢問，只是按照自己的想法解釋後去做，結果常常發生違背上司意思的情況。高層在吩咐員工事情時，通常無法明確地描繪全貌，更多的情況是只能提出大概的方向，所以如果沒有聽懂上司的意思，就要積極地讓模糊的指令變得具體，進而創造上司期盼的結果。這種時候請依照下列的方式進行。

　　第一、透過快速的初步報告來猜測上司屬意的方向。 其實有很多時候上司也是在不知道該做什麼的情況下，沒頭沒腦地把人叫來。當上司只憑大方向說出指令時，如果當場要求明確說明業務方向，上司反而會一時慌張、惱羞成怒而訓斥下屬能力不足。在不容易當場掌握用意為何的時候，如果能弄個草案報告，大略地寫出一張架構（業務背景、目的、期待結果、業務所需事項），就能讓方向變得具體。猜測業務方向時要掌握「為什麼」要做、該做「什麼」、該「怎麼」做。

　　第二、透過提問讓上司的指令變得具體。 聽不懂就要問，雖然是很簡單的道理，但實際情況卻是大部分的下屬很難詢問上司，所以往往都是在接下指令後就回到自己的座位上，不管三七二十一都先做再說。如果無法理解上司的意思，就要積極詢問，像是業務目的與目標、達成期限及必要資源等等，理解上司的想法後，就能讓業務變得具體且明確。

　　桃樂絲・里茲（Dorothy Leeds）在著作《提問的七種力量 *The 7 Powers of Questions*》中提到，提問能：（1）得到對方的答覆、（2）刺激對方思考、（3）獲取對方的情報、（4）讓情況可受控制、（5）讓對方打開心門、（6）讓對方傾聽、（7）

讓對方透過回答問題自己說服自己。請養成透過提問讓上司的
指令變得具體的習慣。

　　第三、以企業策略的觀點來掌握上司指示的業務。高階主
管的思考模式往往是站在企業層面，所以主管也要以企業策略
的觀點來看待業務，才能跟高階主管的眼光相合。高階主管指
示業務的目的大部分都脫離不了達成企業目標和創造績效，所
以為了有效理解該項業務的背景，平常就要充分分析自己的公
司、競爭公司、顧客和市場等策略要素，然後掌握會影響公司
整體的外部及內在因素。

Part 8

我是
「做好向上管理」
的主管

HOW 如何應付兩個上司
南轅北轍的工作要求

　　俗話說：「神仙打架，凡人遭殃。」這句話在組織裡就是指個人之間為彼此利益爭鬥，結果對公司業績或未來等重要面向造成致命的負面影響。這種問題一而再、再而三地頻繁發生，該怎麼看待並解決比較好呢？

▌EPISODE

　　營業處一直以來的模式就是由協理和經理為大客戶做出提案。不過，曾協理的上司換成從外部進來的李副總後，氣氛就開始變得不同了。曾協理覺得李副總是阻擋自己成功的絆腳石。李副總績效表現良好，獲得管理階層更多的信賴。相反地，曾協理卻故意在每件事情上都形成跟李副總對立的局面，引起口舌是非，因此開始失去管理階層的好感。

　　現在曾協理要準備進行一個非常重要的提案。他脅迫陳經理「一定要能賣出去」。然而問題是，協理要求的提案包含了尚未經過驗證的解決方法。也就是說，這個解決方法還在開發當中，還沒有充分完成穩定性測試。

　　「協理，您提到的解決方法還在測試中，我覺得可能有安全上的疑慮。其實副總在高層會議裡的指示已經決定了這次計畫的相關準備，我覺得您要在這次提案中包含尚未驗證的解決方法有點太勉強了……」

　　「你想想看，這次的客戶已經跟我們合作很長一段時間了，不是嗎？這表示我們最了解他們。但是為什麼突然變成要按照

新副總的指示去做？聽我的，如果發生問題，我會負全責。如果我們這次能單憑自己的力量賣出去，那麼之後不管怎麼樣，只要持續推動就行了。難道用副總指示的方式就保證賣得出去嗎？你只要按照我交代的去做就行了。知道吧？」

「（內心話）協理好像對副總太有敵意了……。他應該是擔心如果連這次的計畫都失敗，恐怕會被趕出幹部名單，但何必拖我下水呢？真是頭痛……」

這種時候請這麼做

在具體探討「辦公室政治」這主題前，在此先說明這單元中提到的辦公室政治的觀點。

辦公室政治在公司中必然會發生，而且當事人往往會覺得自己就是受害者。有人說，為了能升到高位，辦公室政治是必修課。相較於正向、公開，「辦公室政治」這詞不知從何時開始，帶給人違法、密謀等更多負面的感受。為什麼會這樣呢？應該是因為「辦公室政治」現在都被用來美化人們為了除掉組織中的競爭對手而使用的各種伎倆，或是為了讓自己升遷而做出的各種不可告人的行為。

而這裡談論的辦公室政治，目的並非使用各種伎倆除掉組織中的競爭對手或是以非法的方式奪取組織權力。其含意是，為了達成企業的目標，而有效動員企業資源，並結合公司內部的各種利害關係，改善組織秩序。

回到上述案例，被施壓的陳經理應該如何處理棘手的困境？

應對方法①：以組織的立場來說，只為了眼前的業績而冒

著未來的風險是非常不恰當的行為。再加上，這不是最高經營層的決定，而是一位主管獨斷的判斷，所以站在組織的立場上來說，冒風險並非明智的選擇。

經理在這時也不能因為「是協理指示」就照著去做。如果無法說服協理，就要公開討論，找機會讓副總、協理和經理集合起來再次檢視銷售的策略，這才是負責業務的經理該扮演的角色。尤其如果是未經檢驗的解決方法，就要以開發處的觀點透過提出問題等方式，讓這件事變成一個議題重新討論。

應對方法②：如果協理是因辦公室政治而選擇這個方法，那麼變更後的方法一定要跟副總報告。如果協理沒有正式報告或公布，不管結果多好都會出問題。萬一結果很糟糕，協理跟經理都要負責；就算結果很好，也會因為忽略副總、獨斷行事而傷害彼此的感情，在這個狀況中經理可能成為受害者。

應對方法③：經理一定要選擇直球對決。什麼是直球對決？意思就是，不是為了特定部門、特定職位，而是為了達成公司整體的事業目標而依正式程序做事。如果決策時不是考量公司整體，而是為了少數人的利益而判斷，那麼也許當下可以過關，但總有一天一定會出現問題。

過度的欲望特別容易惹禍上身，因為無法正確地判斷情勢。協理提出的替代方案不一定就是對的，而且能看出他在組織內的權力鬥爭中被欲望沖昏了頭而做出過於勉強的行為。這時經理一定要客觀地看待提案。如果直接告訴協理、副總也無法解決問題，就算是必須透過更上層的管理階層也一定要依正式程序解決問題。請記住，也許這次可以順利過關，但如果出現負面結果，最後經理一定會被責備「為什麼明知有這樣的危險卻

悶不吭聲」。

最後，我想再多說明一些跟辦公室政治有關的事情。

首先請謹記在心，辦公室政治是必然會發生的。雖然前面的案例看起來是在思考銷售方式，但其實是協理想要除掉副總、自己升遷，才會惡意地展開辦公室政治。但就像前面提過的，真正的辦公室政治跟為了除掉競爭對手或為了奪取組織內的權力而使出的陰謀和伎倆不一樣。

再來要認知，辦公室政治不是選擇的問題，是公正程序的問題。在前面的案例中，一不小心就會落入「要按照副總的指示還是要按照協理的指示」的陷阱。不過，這問題並不是要從兩個當中選擇一個。其中一個選項很明顯是有危險的，那麼經理還是要照做嗎？如果有危險性，就有公開討論的必要。

最後，要選擇符合組織整體目標與價值的解決方法。經理是為公司做事的人，應該要站在公司的觀點來看待事情，如果在這裡有主觀的欲望摻入，就很容易誤判。重點是要維持客觀的視野，判斷解決方法是否符合組織的核心價值或目標，而非個人層次的一己之利。身為當事人，一定能判斷這是個人的一己之利還是對公司有幫助的事，努力讓自己的心態保持客觀，可說是主管的必修課。

HOW 如何回應 上司過分的要求

有句成語叫做「為人作嫁」，下屬為上司付出的努力容易讓人產生這樣的感覺。如果上司要求你在寫攸關他升遷的報告時幫忙灌水，到底該接受到什麼程度呢？也就是說，如果必須把跟實際狀況不同的內容寫在報告裡時該怎麼辦？

▍EPISODE

K 集團是商界的巨頭，而這集團底下有好幾間連鎖公司。每年春天各間公司都會舉辦企業會議向集團董事長報告年度計畫，這對各個執行長來說是能在董事長面前好好表現的絕佳機會。如果無法在這個場合中獲得青睞，可能會從現有的職位上退下來，所以各間公司的執行長都為了能在企業會議上好好表現而卯足全力。

其中某間公司的執行長有望升任到核心連鎖企業，他將企業會議的準備交給他信任的蔡副總，蔡副總打算再將那份工作交給自己信任的林經理。

林經理已經因為各種計畫忙得焦頭爛額，但還是要優先處理企業會議的資料。他在整理的過程中發現，原本最主要的會議資料應該是公司現況報告，卻不知從何開始變成未來展望，所以經理在撰寫時遇到相當大的困難。而且副總還仔細地交代要將還沒確定的海外營收業績都放進來，浮報未來業績。

「林經理，南美那邊正在進行的 SA 銷售計畫，我覺得如果

放進這次的報告裡，應該會更豐富。你應該要多寫一些。這些都是我們執行長努力工作的成績。」

「副總，不過那個計畫不確定性很高，不是嗎？那個國家政治狀況不好，至少要等明年總統大選結束後，產品販售的可能性才比較大。」

「看看你！這也是我們執行長推動的啊！不應該向董事長報告嗎？執行長成功，到頭來對公司和我們都好，不是嗎？」

「（內心話）這麼急著想升遷，連還沒確定的事就已經開始妄想？怎麼可以把這種內容放進報告資料？本來其他計畫就夠我忙了！還是要跟他說我沒辦法接這份工作？」

這種時候請這麼做

經理不該認為上司吩咐的事情就是政治操作。如果發生像上述案例中的狀況，應該要以客觀的角度盡可能積極撰寫企業會議的資料。

通常提到客戶（Client, Customer）很容易想到外部的人，但以經理的立場來說，組織的上層（高層）也是很重要的客戶。你必須讓客戶滿意，也必須創造績效。也就是說，我的角色就是輔佐我的客戶（上司），完成他要求以及在意的事。企業會議的資料是上司在意的事項，也代表我所屬的業務部門與公司。所以請單單以這種視角來寫報告。

當上司要求過度灌水或放入不確實的內容時，必須只寫事實，這是撰寫所有報告的基本原則。不過，在上述案例中，報告的目的並非純粹報告數據，如果是這種情況，那麼就能寫出事實與推測，但要清楚區分，也要盡可能符合邏輯（或報告者的

敘事能力等），不要讓高層覺得不順眼。

接著要正確掌握報告者（執行長）的目標為何。當上司為了自己的目的，而叫經理更改資料時，經理通常會露出不耐的表情。但是千萬不可以這樣。因為報告者是經營階層，一定會有想要強調的部分，而那內容往往也是董事長關心的事項。如果能掌握目的為何，那麼在輔佐上司時就會變得非常有利。尤其要知道你的上司是哪一種人，是為了成為該領域的專家而花心思學習、研究？是野心勃勃地想爬到組織高位？還是把目標放在延長自己的組織生涯壽命？如果知道了這些資訊，就能更了解你的客戶（上司）想要什麼。

最後請「換位思考」，要以執行長的視角來思考企業會議資料。寫報告時要思考：「如果我是執行長，我想收到哪種報告。」然後請直接向他解說報告內容。

資料必須反映報告者的目的。如果不是單純報告事實的資料，就要思考報告者（執行長）想傳達什麼訊息，然後製作出相對應的資料。報告裡當然不能有假的內容，但可以透過改變構想等方式充分傳達訊息。

而且也可以跟執行長進行角色扮演（Role Play），設想以董事長的觀點可能會提出的問題清單，然後進行問答。希望你能記住，經理最重要的角色就是幫助執行長報告成功。

HOW 如何跟立場不同的同事協調業務

在組織內存在各式各樣的人力，有創立成員、核心員工、新進高層及基層員工等，公司必須結合這些不同背景的人來創造整體績效。不過，在這之中就是會有人仗勢欺人，新來的人也可能會利用自己的地位破壞公司一直以來建立的價值。這麼說來，該以什麼觀點看待被施壓的業務才是最好的呢？

▍EPISODE

「匠人精神的代表」、「鐵杵磨成繡花針」這些都是李經理的稱號。李經理在 R 企業負責工程處，提供顧客相關領域的諮詢服務。從他的稱號就能知道，顧客認為他的諮詢品質最好，也全力提供最好的商品。

相反地，營業處跟工程處不同，新客戶的合約件數和營業額等數字都會立刻反映在他們的 KPI 上。尤其高層更傾向看重短期業績，所以每次工程處經理都會被要求幫忙提高業績。

這種狀況持續到後來，工程處李經理每件事情都跟營業處經理發生衝突，因為很難一石二鳥，也就是兼顧「品質」和「銷售」。結果營業處經理透過李經理的上司（協理）向他施壓說，銷售比品質更重要。當李經理捍衛立場說「商品品質是最重要的」，反而遭批評說，這無助於增加公司的銷售。李經理覺得，應該是因為營業處經理和他的協理以前曾在同一個團隊工作，所以他反而被排擠在外，所以更難過了。

　　李經理應該要重新深入思考組織整體的目標。品質固然是很重要的價值，但如期到貨、顧客滿意度等其他價值也同樣重要。也就是說，重點是讓所有的價值都達到最佳化。而且銷售的時機也很重要，如果錯過時機，連企業的存在都會有危機。最終傳達到顧客面前的，並非只有產品本身而已，而是公司整體的面貌。李經理最該做的第一件事就是理解這個性質。

　　每個團隊的 KPI 都各有不同。有些團隊追求的 KPI 是品質（Quality），有些團隊擺在第一的 KPI 是數量（Quantity）。以組織整體的觀點來看，所有團隊目標的總和就是公司整體的目標。不過，這並不是單純地指各種目標加總，不同的目標之間需要適當地調整，如上述案例中需要的就是「在質和量之間取得平衡」。在各個狀況和條件之下，都可能會有所失衡，公司經營最重要的部分就是控制這些平衡。

　　李經理接下來則是要展現自己的專業。明明品質未達標卻無條件交給客戶，這種型態也是不恰當的。品質問題絕對無法透過政治方式解決。必須讓所有利害關係者清楚地知道，品質一旦出問題，就可能會失去既有的客戶，也可能會出現消費者的抵制運動。

　　要明白，能克服這種施壓的方式唯有「專業」和「公正程序」。就算遭人施壓，也還是能以專業克服，因為只要提出以事實為根據的明確見解，並按照正式的程序做事就行了。換句話說，如果因為別人向我施壓就用政治的手段應對，這是不可取的。為了避免個人對於品質太過執著，或在追求業績的過程

中忽略品質，依公正的程序進行才是最重要的。

最後，必須拋下「辦公室政治是惡意的」這種想法。不要因為營業處經理和協理親近，就認為自己被壓迫。當然兩人確實可能會因為有同樣的業務經驗而更親近、排擠新來的人。然而，解決方式並不是想成他們在搞辦公室政治。

終究只有以工作的專業觀點下判斷的人，才能得到他人的肯定並成長。當然辦公室政治常常是以使用各種伎倆除掉競爭對手的樣貌出現。可是，還是建議各位不要因此就認為「我是外來的，注定成為辦公室政治的輸家」。真正的辦公室政治是為了達成組織更大的目標而有效動員公司資源，並協調組織內部的利害關係。

HOW 如何應對
工作時間外的公司聚會

　　每個組織的文化不同，特性也不同。無論是以多好的條件進入公司，組織文化還是會在各方面影響每個人，有人甚至因為難以適應組織文化而辭職。難道只有公事的關係才重要嗎？除了公事的關係之外，又該花心思到什麼程度呢？

█ EPISODE

　　K 企業每年都會讓各關係公司舉辦團結大會。由於人數過多，難以舉辦特別的活動，而且又是歷史悠久的企業，有很多年長者，所以爬山是他們的第一選擇。

　　團結大會的日期越來越逼近，副總暗自希望大家一起去爬山。雖然大部分的年輕員工都很討厭爬山，但沒有經理敢大膽地替他們說話。在團結大會的行前會議中，副總的左右手（協理）站出來理所當然地主張，團結大會就是要去爬山，甚至指示經理負責準備。本來該團隊就要幫忙準備爬山的基本事項沒錯，但協理還另外交代好幾項事情給經理做。

　　副總和協理本來關係似乎不太好，而且不時會在業務上起衝突，但看來這次的團結大會成為他們合作的契機。聽說他們週末時還一起去爬了山。

　　「（經理內心話）搞什麼啊？明明每天看起來都在吵架，竟然一起去爬山、互相 Cover。難道我也要一起去爬山嗎？到頭來，只有我和我們團隊忙著準備這些業務，然後最後功勞都歸

到協理和副總身上。」

　　不只是週末爬山，打高爾夫球、打網球等這些休閒娛樂都是個人的選擇。只不過，在提到區分公領域和私領域之前，請思考自己與上司之間是否已建立互相理解與信賴的關係。

　　假如平常因彼此行程忙碌或想法不合造成隔閡，就很值得嘗試利用週末時間一起爬山或運動來改善關係。這將是能多理解彼此的開始。而且比起在辦公室、咖啡店和酒席間，在山上或運動場所能更自然地交換彼此的想法，不是嗎？

　　當上經理以上的領導層之後，特別需要花費時間來理解上司。這些場合也會是個能分享工作上遇到的問題、人力管理的困難等各種煩惱的好機會。不過，這意思並不是週末一定要一起爬山，重點在於，必須找出可以跟上司輕鬆互動的時間。

祝福所有
辛苦的主管們都能成功

　　去年夏天某個週六早上八點，一群人背著背包聚在首爾市大學路。單手拿著咖啡開始談話：「主管的煩惱是什麼？」、「找找看有沒有實際案例……」、「主管的領導力有標準答案嗎？」、「如果是我在那個情境下，我會怎麼做呢？」

　　有人曾經擔任過主管，有人現在是主管，有些人則是專家，大家聚在一起拋出這些疑問。在許多的來回問答中，這本書就這樣誕生了。

　　本書作者群一開始聚在一起時充滿「擔心與煩惱」。我們的心情都是「我們真的能做完嗎？」、「九個人一起接力賽跑，

該怎麼合作？」、「這可以幫助到誰？」、「什麼部分可能會造成意見分歧？」

不過，隨著週六見面的次數越多，夥伴們變成了朋友。分享意見後寫成文字，然後一起修正，這合作的過程就是在體驗主管的角色。

如果有人問：「你透過這本書得到了什麼？」

我現在可以毫不猶豫地回答：「我遇見了很好的人，也很享受與他們一起共度的時間，這是一個學習並成長的過程。」不過過程中有很多困難。週末時間把家人晾在一旁自己出來時，心情非常沉重；頂著盛夏的太陽，跑遍首爾市區尋找會議室，把咖啡店和餐廳當成討論空間相當不容易。

然而，在拍攝作者照片的那天，我們就像一家人一樣，也決定要長久在一起。我們期待這本書能幫助主管發揮領導力，讓所有站在一線的辛苦主管們都能成功解決煩惱。我們對於共同積極參與挑戰合著並發揮團隊合作力量的夥伴們非常自豪。

終於能在最後互道感謝，我們真的萬分喜悅。

最後感謝家人在撰稿的過程中理解我們且不吝惜地給予支持，也感謝 Plan B 以及許多好朋友們致力於本書的企劃、編輯和出版。

參考文獻

· Try Feedforward instead of feedback，馬歇爾‧葛史密斯（Marshall Goldsmith）著，出自於 www.marshallgoldsmith. com

· 《哈佛商業評論（Harvard Business Review）》，「公平的流程（Fair Process）」By W. Chan Kim and Renee Mauborgne (2003)

· RACI 表出自《DBR》第 190 號，2015.12. Issue 1

· 《SERI 經營筆記》第 157 號

· 《Energy Bus》，約翰‧戈登（John S. Gordon）著

· 《給予（Give & Take）》，亞當‧格蘭特（Adam Grant）著（台

灣譯作由平安文化出版）

· 《Radical Focus》，克里斯蒂娜·沃特克（Christina Wodtke）著

· 《Performance Management》，羅伯特·貝可（Robert Bacal）著

· 《真正的績效管理 PQ》，宋啟權著，韓國好土地出版社
  （書名暫譯，作者名音譯）

· 《七種報告原則》，南忠熙著，韓國黃金獅出版社
  （書名暫譯，作者名音譯）

· 《佛洛依德的醫生》，鄭道彥著，韓國 Influential 出版社
  （書名暫譯，作者名音譯）

· 《組織與領導力》，李尚浩著，韓國書網出版社
  （書名暫譯，作者名音譯）

· 《立刻擺脫虛假的會議》，崔益成著，韓國青魚出版社
  （書名暫譯，作者名音譯）

· 韓國國立國語院標準語大字典（stdict.korean.go.kr）

台灣廣廈 國際出版集團
Taiwan Mansion International Group

國家圖書館出版品預行編目（CIP）資料

精準領導力：8大管理面向×47種實務情境，打造高績效與高凝聚力的實戰指南！／朴鎮漢(James), 俞京哲(Peter), 羅永周(Veronica), 鄭慶熙(Benjamin), 徐仁洙(Noah), 朴海龍(Harrison), 白信英(Sienna), 金祐載(Kay), 李栽亨(Bruce)作.
-- 初版. -- 新北市：財經傳訊, 2024.03
面；　公分
ISBN 978-626-7197-51-6（平裝）
1.CST: 企業領導　2.CST: 組織管理　3.CST: 職場成功法

494.2　　　　　　　　　　　　　　　　　　112022039

財經傳訊
TIME & MONEY

精準領導力
8大管理面向×47種實務情境，打造高績效與高凝聚力的實戰指南！

作　　者／朴鎮漢等九人	編輯中心執行副總編／蔡沐晨・編輯／陳宜鈴
譯　　者／葛瑞絲	封面設計／何偉凱・內頁排版／菩薩蠻數位文化有限公司
	製版・印刷・裝訂／東豪・紘億・秉成

行企研發中心總監／陳冠蒨　　　線上學習中心總監／陳冠蒨
媒體公關組／陳柔彣　　　　　　產品企製組／顏佑婷、江季珊、張哲剛
綜合業務組／何欣穎

發 行 人／江媛珍
法 律 顧 問／第一國際法律事務所 余淑杏律師・北辰著作權事務所 蕭雄淋律師
出　　版／財經傳訊
發　　行／台灣廣廈有聲圖書有限公司
　　　　　地址：新北市235中和區中山路二段359巷7號2樓
　　　　　電話：（886）2-2225-5777・傳真：（886）2-2225-8052

代理印務・全球總經銷／知遠文化事業有限公司
　　　　　地址：新北市222深坑區北深路三段155巷25號5樓
　　　　　電話：（886）2-2664-8800・傳真：（886）2-2664-8801
郵 政 劃 撥／劃撥帳號：18836722
　　　　　劃撥戶名：知遠文化事業有限公司（※單次購書金額未達1000元，請另付70元郵資。）

■出版日期：2024年03月　　　　ISBN：978-626-7197-51-6

나는 (***) 팀장이다 : 현실 팀장의 일상 리더십
Copyright ©2020 by Jinhan Park & Kyoungcheol Yoo & Youngju Na & Kyunghee Jeong & Insu Seo & Haeryong Park & Shinyoung Baek & Woojae Kim & Jaihyoung Lee
All rights reserved.
Original Korean edition published by Planbdesign.
Chinese(complex) Translation rights arranged with Planbdesign.
Chinese(complex) Translation Copyright ©2024 by Taiwan Mansion Publishing Co., Ltd.
through M.J. Agency, in Taipei.